Doris Kern

Wurzeln und Knollen

Selbstgemachtes aus Wiese, Feld & Garten

VERLAG ANTON PUSTET

Doris Kern

Wurzeln und Knollen

Selbstgemachtes aus Wiese, Feld & Garten

VERLAG ANTON PUSTET

Impressum

Bibliografische Information der Deutschen Nationalbibliothek Die Deutsche Nationalbibliothek verzeichnet diese Publikation in der Deutschen Nationalbibliografie; detaillierte bibliografische Daten sind im Internet über http://dnb.d-nb.de abrufbar.

Grafik, Satz und Produktion: Tanja Kühnel
Lektorat: Beatrix Binder
Korrektorat: Markus Weiglein
Druck: GRASPO CZ, a.s.
Gedruckt in der EU
ISBN 978-3-7025-1129-6

www.pustet.at

Wir bemühen uns bei jedem unserer Bücher um eine ressourcenschonende Produktion. Alle unsere Titel werden in Österreich und seinen Nachbarländern gedruckt. Um umweltschädliche Verpackungen zu vermeiden, werden unsere Bücher nicht mehr einzeln in Folie eingeschweißt. Es ist uns ein Anliegen, einen nachhaltigen Beitrag zum Klima- und Umweltschutz zu leisten.

Bleiben wir in Verbindung –
melden Sie sich hier zu unserem Newsletter an!

Inhalt

Einleitung 12
Wissenswertes 14

Alant **20**
Salbenmischung für gesunde Haut 22
Atemfreude-Tee gegen hartnäckigen Husten 24
Sonnengruß-Räucherwerk 26

Baldrian **28**
Nachtzauber-Tee für erholsame Ruhe 30
Tinktur der Gelassenheit 32
Kissen der Ruhe für erholsamen Schlaf 34
Duftende Zuversicht – Räuchermagie mit Baldrian 36
Duftende Schlafhilfe – Baldrian-Balsam für entspannte Nächte 38
Gute-Nacht-Trinkschokolade 40

Beinwell **42**
Kompresse mit Wurzelkraft 44
Tinktur für Salben und Umschläge 46
Knochenheiler-Salbe für natürliche Wundheilung 48

Große und Kleine Bibernelle 50
Bibernelle-Tinktur als Hustenhilfe 52
Bibernelle-Mischung für die Atemwege 54
Heidelberger Kräuterpulver 56

Blutwurz 58
Blutwurz-Tinktur gegen Entzündungen und Durchfall 60
Wohltuender Balsam für sensible Beschwerden 62

Große und Kleine Brennnessel 64
Brennnesselwurzel-Tinktur als Prostata-Power 66
Saure Rinse – natürliche Pflege für die Kopfhaut 68
Fußbad mit Wurzeln und Blättern für die Durchblutung 70
Brennnesselwurzel-Blasentee 72

Eibisch 74
Eibischtee für die Erkältungszeit 76
Marshmallows – fluffige Nascherei 78
Gesichtsmaske für gestresste Haut 80

Engelwurz 82
Schnupfnasen-Balsam für Stirn und Nase 84
Lichtvolle Räuchermischung 86

Engelwurz-Likör als Digestif 88
Angelika-Wein – Klostermedizin in der Flasche 90

Ingwer **92**
Immun-Booster für Stärke und Vitalität 94
Ingwer-Salbe für kalte Winterfüße 96
Kandierter Ingwer 98
Feiner Likör für aromatischen Getränke-Mix 100

Karotte **102**
After-Sun-Schüttellotion mit Karotte und Lavendel 104
Bodybutter für trockene und gereizte Haut 106
Karotten-Gesichtsmaske für natürliche Frische 108
Karotten-Hustensirup 110
Karotten-Tomaten-Aufstrich 112
Moro-Suppe als bewährtes Hausmittel 114

Kartoffel **116**
Kartoffelwickel gegen vielerlei Beschwerden 118
Kartoffelmarmelade – die süße Seite der Knolle 120
Kartoffelbalsam – natürliche Pflege 122
Kartoffelmaske für frische Haut 124

Große Klette 126

Klettenwurzelöl für kräftige Haare 128

Klettenwurzeltee zum Entschlacken 130

Knoblauch 132

Fermentierter Knoblauch – Immunbooster aus der Küche 134

Knoblauchöl für Brot, Ciabatta & mehr 136

Knoblauch-Elixier mit Zitrone 138

Immunstärkender Fire Cider 140

Kren oder Meerrettich 142

Kren-Auflagen – würziges Hilfsmittel 144

Kren-Honig – würziger Begleiter im Winter 146

Kren-Kapuzinerkresse-Tinktur – natürliche Antibiotika-Kraft 148

Apfel-Kren-Senf – würzig-fruchtiger Gaumenschmaus 150

Krenbutter – aromatischer Aufstrich 152

Kren-Wein – reine Verdauungsfreude 154

Muskelöl mit Kren – scharf und durchblutungsfördernd 156

Kurkuma 158

Kurkuma-Paste – „Goldene“ Würze 160

Kurkuma-Milch – Wärme für Körper und Seele 162

Kurkuma-Ingwer-Oxymel – süße Schärfe 164

Löwenzahn 166
Löwenzahnkaffee – koffeinfreie Alternative ... 168
Bittersalz – Power für den Stoffwechsel ... 170
Löwenzahn-Sole – reich an Bitterstoffen ... 172
Bittertropfen mit Löwenzahn für mehr Lebensfreude ... 174
Räuchermischung für positive Energien und klare Gedanken ... 176
Magenbitter für eine gesunde Verdauung ... 178

Rosenwurz 180
Rosenwurz-Tonikum für stressige Zeiten ... 182
Rosenwurz-Electuarium für mehr Widerstandskraft ... 184

Rote Rübe oder Rote Bete 186
Rote-Rüben-Hustensaft ... 188
Leckerer Aufstrich für Genießer ... 190
Salzige Farbenkraft im Glas ... 192
Red Velvet Smoothie ... 194
Schönes Rouge für zauberhafte Wangen ... 196

Sellerie 198
Selbstgemachte Suppenwürze ... 200
Selleriechips – der perfekte Snack ... 202
Würziges Selleriesalz ... 204

Schwarzer Winterrettich **206**

Selbstgemachter Rettichsaft – natürliche Hilfe bei Husten 208

Eingelegter Rettich 210

Süßholz **212**

Wintertee als wärmende Köstlichkeit 214

Hustensirup mit Süßholzwurzel 216

Rosen-Süßholzwurzel-Gel – natürliche Hautpflege 218

Honig küsst Süßholzwurzel und Zitrone 220

Wegwarte **222**

Wurzelkaffee aus der Wegwarte – Kaffee ohne Koffein 224

Leber- und Gallentee zum Entgiften 226

Zwiebel **228**

Zwiebel-Honig-Hustensaft 230

Zwiebel-Socken – wärmend bei Erkältungen 232

Zwiebel-Wickel gegen Ohrenschmerzen 234

Zwiebelpaste – feines Aroma auf Vorrat 236

Anhang **238**

Ergänzende Rezepte .... 240 Glossar .... 241 Index 244

Literatur .... 249 Informationen & Bezugsquellen 250

Bildnachweis .... 251 Dank 252

Einleitung

Meistens erfreut man sich nur an den oberirdischen Teilen einer Pflanze, den Blättern, den Blüten, den Früchten und Samen. Diese verwenden wir auch gerne und nutzen ihre heilenden Eigenschaften. Aber eigentlich fängt alles bei der Wurzel an, ohne sie hätte die Pflanze keinen Halt und könnte nicht mit den wichtigen Nährstoffen versorgt werden, die sie zum Leben benötigt.
Auch bei uns Menschen heißt es oft: Hier bin ich verwurzelt oder verankert bzw. dass es mich wieder zu meinen Wurzeln zurückzieht.

Daher ist es eine wunderbare Aufgabe, sich näher mit den Wurzeln zu beschäftigen, in diesem Fall den pflanzlichen. Es gibt verschiedenste Arten von ihnen und in diesem Buch werden sie näher betrachtet, egal ob es Knollen, Zwiebeln oder Erdsprossen (Rhizome) sind.

Ich wünsche euch viel Freude beim Sammeln & Verarbeiten dieser unterirdischen Schätze!

Alles Liebe

Doris Kern

Wissenswertes

Aufgaben der Wurzeln

Wurzeln erfüllen verschiedene Aufgaben für die Pflanze und bilden dabei auch häufig eine Symbiose mit Bakterien oder Pilzen aus der Erde. Eine gute Versorgung mit Nährstoffen und die Befestigung im Boden stehen im Vordergrund.

Halt und Befestigung: Es ist oft erstaunlich, mit welch tief verzweigten Wurzeln sich eine Pflanze im Boden verästelt. Kraftvoll reicht sie mit diesen „Armen" tief in den Boden hinein und sorgt so für einen guten Halt ihrer oberirdischen Teile.

Wasseraufnahme: Um die gesamte Pflanze mit Wasser zu versorgen, gibt es ein feines Netz von sogenannten Fein- oder Haarwurzeln, die sich an den eigentlichen Wurzeln befinden und so aus dem Boden Wasser aufnehmen. Diese Äderchen sind enorm wichtig für ein gesundes

Pflanzenwachstum. Leidet eine Pflanze unter Staunässe oder wird sie überdüngt, kann dies die Wurzeln schädigen und sie schwächen.

Mineralstoffaufnahme: Neben Wasser versorgt sich die Pflanze aus dem Boden auch mit Nährstoffen, die für das Wachstum der Pflanze wichtig sind.

Die beste Sammelzeit

Die beste Sammelzeit für Wurzeln ist im Herbst und reicht bis in den Frühling. Grund dafür ist, dass im Frühling, wenn die ersten Sonnenstrahlen die Pflanze wieder „wachküssen", sie ihre Energie in die oberirdischen Teile steckt. Dann benötigt sie all ihre Kraft, um Blüten, Blätter und Früchte zu bilden. Der Herbst aber, wenn der Wachstumszyklus wieder zu Ende geht, sich die Pflanze oberirdisch langsam zurückbildet und ihre Kräfte in der Wurzel konzentriert, ist für uns die beste Zeit zum Sammeln!

Sammelzeitpunkt

Bei den Wurzeln verhält es sich anders als mit den oberirdischen Teilen: Während man diese bei Sonnenschein erntet, sollte man jene besser gleich frühmorgens oder eher abends sammeln. Denn durch die Sonnenstrahlen geht die Energie in die verbleibenden oberirdischen Teile, und das will man beim Sammeln von Wurzeln vermeiden.

Mit Vorsicht sammeln

Wie auch beim Sammeln der oberirdischen Teile ist Respekt und Vorsicht geboten. Durch die Ernte der Wurzeln nimmt man der Pflanze nämlich die Grundlage, im nächsten Jahr wieder wachsen zu können. Daher nie den kompletten Bestand ausgraben, sondern nur so viel, wie man wirklich benötigt – man lässt immer genügend zurück. Wer einen eigenen Garten hat, pflanzt sich am besten jene Kräuter an, von denen man die Wurzeln ernten möchte. So hat man einen guten Überblick über den Fortbestand und läuft nicht Gefahr, der Natur zu viel zu entnehmen. Daher bitte auch beim Wurzelgraben vorsichtig und mit Bedacht arbeiten, um den Fortbestand der Pflanzen nicht in Gefahr zu bringen. Wichtig ist auch, darauf Rücksicht zu nehmen, ob die Pflanze in deiner Region unter Naturschutz steht! Es ist wunderschön, im Kreislauf der Natur zu leben – aber mir ist es immer wichtig, sie auch zu respektieren.

Nur jene Pflanzen sammeln, die man kennt

Im Herbst oder im Frühling, wenn die charakteristischen Blätter und Blüten nicht mehr vorhanden sind, ist es gar nicht mehr so einfach, eine Pflanze genau zu bestimmen. Daher ist absolute Vorsicht beim Sammeln von Wurzeln geboten. Bitte sammle wirklich nur jene Pflanzen, die du auch 100-prozentig identifizieren kannst. Die Verwechslungsgefahr mit giftigen Pflanzen ist einfach zu groß

Tipp: Man kann auch schon im Sommer die betreffenden Pflanzen mit einem Stöckchen oder einem Schild markieren, um sie im Herbst leichter bestimmen zu können.

Wie sammelt man am besten?

Man lockert die Erde rund um die Wurzel mit einem kleinen Spaten und legt sie sorgfältig frei. Das ist oft gar nicht so einfach – man sollte sich Zeit nehmen und behutsam arbeiten. Viele Sammlerinnen und Sammler verwenden auch ein Krickerl – also ein kleines Geweih von einem Rehbock – und graben die Erde rund um die Pflanze frei. Sobald die Erde gut gelockert ist, zieht man die Wurzel heraus und klopft sie gut ab, um einen Großteil der Erde abzuschütteln.

Wurzeln verarbeiten

Reinigen: Nach der Ernte müssen die Wurzeln noch gereinigt werden. Am besten verwendet man eine Gemüsebürste und schrubbt sie im lauwarmem Wasser gut ab. Bei der Beinwellwurzel ist aber Vorsicht geboten – hier sollte die äußere Schicht nicht beschädigt werden.

Trocknen: Damit das Wurzelwerk nicht schimmlig wird, sollte man darauf achten, es möglichst schnell zu trocknen. Dafür schneidet man es am besten in kleine Stückchen und lässt es in der Herbstsonne trocknen. Am Abend aber wieder ins Haus holen, da es in den Nächten einfach schon zu kühl und zu feucht ist! Auch neben einem lauwarmen Kachelofen oder Heizkörper trocknen die gesammelten Teile gut durch. Es sollte nur nicht zu warm sein.

Aufbewahren: Wurzeln werden mit der Zeit sehr hart, daher können sie auch zu einem feinen Pulver gemixt werden. So kann man sie später gut dosieren und für Tinkturen, Salben etc. verwenden. Aber auch klein geschnitten können sie gut verarbeitet werden. Wie bei den anderen Kräuterteilen lagert man sie am besten dunkel und in einem Glas.

Alant *(Inula helenium)*

Majestätisch streckt sich der Alant zur Sonne empor und kann bis zu zwei Meter hoch werden. Seine gelben Blüten mit ihren feinstrahligen Zungen leuchten zwischen den großen grünen Laubblättern der imposanten Staude. Am besten erntet man die Wurzel ab dem zweiten Jahr.

Die Wurzel des Alants wird schon seit vielen Jahrhunderten genutzt, um beispielsweise die Verdauung anzuregen. Im antiken Rom durfte sie in keiner Küche fehlen, wo sie als Gemüse gekocht oder als Süßspeise kandiert wurde. Im Mittelalter galt ein Heilwein mit Alant als Allheilmittel und wurde vielfältig eingesetzt.

In der Volksmedizin wird die entzündungshemmende, krampflösende und leicht auswurffördernde Wirkung geschätzt und besonders als Mittel bei Husten, Infektionen der Atemwege und Bronchitis verwendet, ebenso bei Blähungen und Magen-Darm-Beschwerden.

Manche Menschen reagieren allergisch auf Pflanzen aus der Familie der Korbblütler, zu denen der Alant gehört, das sollte man vor einer Anwendung prüfen. Manche der enthaltenen Stoffe können bei einer Überdosierung zu Magenschmerzen und Erbrechen führen. In der Schwangerschaft und Stillzeit sollte daher besser auf Alant verzichtet werden.

Man benötigt:

- 2–3 EL Alantwurzel, frisch oder getrocknet
- 120 ml Olivenöl
- 10–12 g Bienenwachs
- Alkohol zum Desinfizieren

Salbenmischung für gesunde Haut

Ekzemfrei mit Alant

Die Wurzel des Alants wird äußerlich als Salbe bei Ekzemen und Geschwüren verwendet. Früher wurde diese traditionell mit frischen Wurzeln und Schweineschmalz oder Butter hergestellt. Die Wurzeln wurden gekocht und zerstoßen, bis ein Brei entstand, welcher dann mit dem Schmalz oder der Butter vermischt wurde.

So wird's gemacht:
Zunächst den Arbeitsplatz und die Geräte und Tiegel mit Alkohol desinfizieren. Die klein geschnittene Wurzel mit etwas Olivenöl im Mörser zerstoßen. Anschließend in ein feuerfestes Glas geben, das restliche Olivenöl hinzufügen und im Wasserbad etwa eine Stunde ziehen lassen. Danach zugedeckt über Nacht stehen lassen und am nächsten Tag nochmal eine halbe Stunde erwärmen. Vom Herd nehmen und abseihen. Das aufgefangene Öl mit dem Bienenwachs schmelzen und in einen Tiegel füllen.

Haltbarkeit: etwa 1 Jahr

So wird's gemacht:
Die Kräuter grob zerkleinern und in eine Schüssel füllen. Alles gut miteinander vermischen und in ein Glas abfüllen.
Für eine Tasse Tee etwa 1 TL der Mischung mit heißem Wasser übergießen, 10 Minuten zugedeckt ziehen lassen, anschließend abseihen.

Haltbarkeit: etwa 1 Jahr

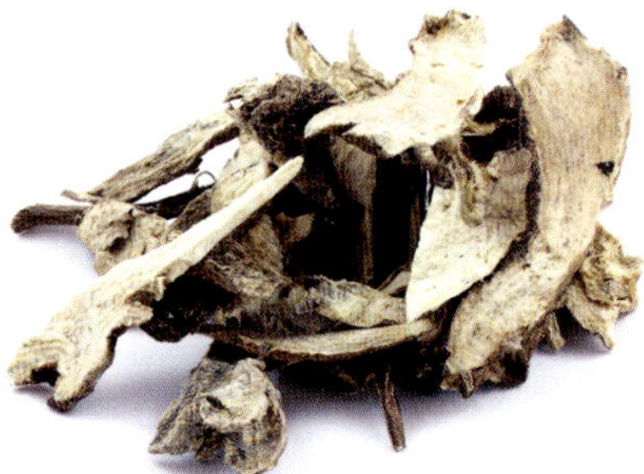

Atemfreude-Tee

Gegen hartnäckigen Husten

Als Hausmittel bei Husten hat sich der Alant einen Namen gemacht und wird gerne in Teemischungen verarbeitet. Durch die leichte auswurffördernde Wirkung sorgt er für ein gutes Abhusten des Schleims.

Man benötigt (jeweils getrocknet):

- 10 g Alantwurzeln
- 5 g Süßholzwurzeln
- 10 g Quendelkraut
- 10 g Spitzwegerichblätter
- 5 g Johanniskraut

Man benötigt (jeweils getrocknet):

- 1 Teil Alantwurzel
- 1 Teil Rosenblüten
- 1 Teil Melisse
- 1/2 Teil Engelwurz-Wurzeln

Sonnengruß-Räucherwerk

Alant für das Herzlicht

Die Alantwurzel ist eine wunderbare Pflanze zum Räuchern, da sie sprichwörtlich die Sonne ins Herz bringt. Der feine Duft richtet auf, wenn man von Traurigkeit, Angst und Melancholie umgeben ist.

So wird's gemacht:
Alle Zutaten zerkleinern und im Mörser anstoßen. In einer Schüssel vermischen und anschließend in ein verschließbares Glas füllen. Die Räuchermischung eignet sich perfekt für eine sanfte Räucherung über dem Stövchen.

Haltbarkeit: mindestens 1 Jahr

Baldrian

(Valeriana officinalis)

Der Baldrian hat sich einen Namen als in allen Teilen beruhigendes Kraut gemacht, hauptsächlich wird aber sein unterirdischer Teil verwendet. Sein lateinischer Name leitet sich von *valere* ab, was so viel wie „gesund sein" bedeutet. Man sagt ihm auch eine Verbindung zum germanischen Lichtgott Baldur nach, der für den Tag-Nacht-Rhythmus verantwortlich ist.

Baldrian ist ein treuer, beruhigender Begleiter tagsüber, hilft bei Konzentrationsschwäche, wirkt aber nicht einschläfernd. Erst am Abend zeigt er seine schlaffördernde Wirkung. Der intensive Geruch der Wurzel ist für manche gewöhnungsbedürftig, sollte aber von der Anwendung nicht abschrecken. Denn Baldrian wirkt beruhigend, fördert das Einschlafen, sorgt für eine bessere Konzentration, wirkt entkrampfend, muskelentspannend und leicht angstlösend. So wird er bei Unruhezuständen, Einschlafstörungen, Lampenfieber, Prüfungsangst, geistiger Überarbeitung, nervösen Herzbeschwerden, Reizmagen und Magenkrämpfen sowie Reizblase und Bettnässen verwendet.

Neben- und Wechselwirkungen oder Kontraindikationen sind aktuell nicht bekannt.

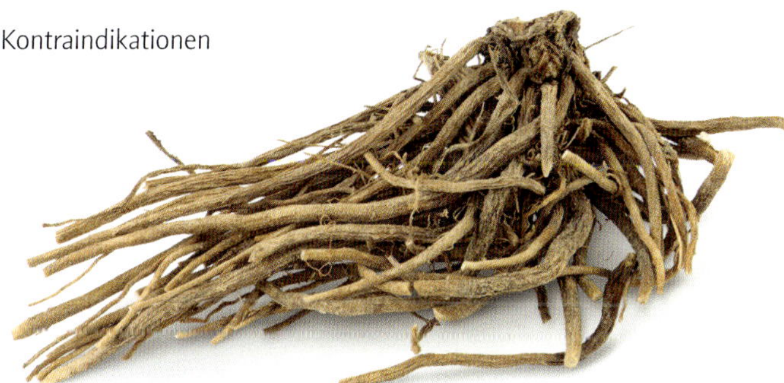

Man benötigt (jeweils getrocknet):

- 1/2 Teil Baldrianwurzel
- 1 Teil Zitronenmelisse
- 1 Teil Johanniskraut
- 1/4 Teil Lavendelblüten

Nachtzauber-Tee

Für erholsame Ruhe

Wenn das Gedankenkarussell abends nicht stillstehen will und es schwerfällt, Ruhe und Schlaf zu finden, ist Baldrian eine wunderbare Pflanze, die das Einschlafen fördert und noch dazu die Schlafqualität verbessert. Eine Tasse Tee ist abends ein schönes Ritual und hilft, den Tag ruhig ausklingen zu lassen.

So wird's gemacht:
Die Kräuter grob zerkleinern und in eine Schüssel füllen. Alles gut miteinander vermischen und in ein Glas abfüllen. Für eine Tasse Tee etwa 1 TL der Mischung mit heißem Wasser übergießen, 10 Minuten zugedeckt ziehen lassen, anschließend abseihen.

Haltbarkeit: etwa 1 Jahr

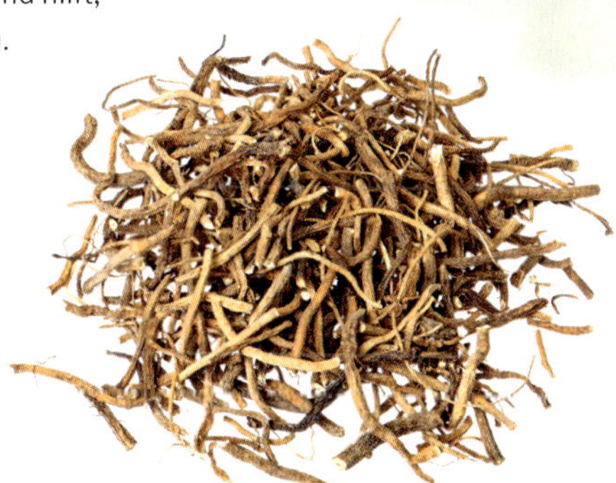

Baldrian

So wird's gemacht:
Die Wurzeln zerkleinern und damit ein verschließbares Glas bis zur Hälfte füllen. Mit dem Alkohol übergießen und mindestens 4 Wochen ziehen lassen. Anschließend abseihen und in Tropfflaschen füllen.
Bei Bedarf dreimal täglich 30 Tropfen mit etwas Wasser verdünnt einnehmen.

Haltbarkeit: mindestens 1 Jahr

Tinktur der Gelassenheit

Entspannt durch wichtige Termine

Steht ein wichtiger Termin oder eine Prüfung an, kann man schon mal nervös werden. Um generell ruhiger und konzentrierter zu werden, unterstützt der Baldrian in der praktischen Tinktur-Form.

Man benötigt:
- Baldrianwurzeln, frisch oder getrocknet
- Alkohol 70 Vol.-%

Man benötigt (Menge je nach Kissengröße, beispielsweise 40 x 30 cm, jeweils getrocknet):

- 1 Teil Baldrianwurzel
- 1 Teil Honigklee
- 1 Teil Lindenblüten
- 1 Teil Melisse
- 1 Teil Johanniskraut
- 1 Teil Kamillenblüten
- Dinkelspelzen zur Auffüllung

Kissen der Ruhe

Für erholsamen Schlaf

Baldrian ist vielfältig verwendbar. Da er ätherisches Öl enthält, kann man ihn auch in ein Kräuterkissen füllen. Durch die Körperwärme entfalten sich die Duftstoffe, und der Körper kann die schlaf- und beruhigungsfördernden Stoffe aufnehmen.

So wird's gemacht:
Die Kräuter leicht zerkleinern, faserige und harte Teile aussortieren. In eine Schüssel geben und mit etwa der gleichen Menge Dinkelspelzen vermischen. In ein Kissen füllen und gut verschließen. Das Kräuterkissen kann längere Zeit verwendet werden. Nach Verwendung immer wieder gut auslüften.

Haltbarkeit: mehrere Wochen oder Monate

So wird's gemacht:
Alle Zutaten zerkleinern und im Mörser anstoßen. In einer Schüssel vermischen und anschließend in ein verschließbares Glas füllen.
Die Räuchermischung eignet sich für Räucherkohle, aber auch fürs Stövchen. Beim Stövchen ein Efeublatt unterlegen, damit das Fichtenharz das Sieb nicht verklebt.

Haltbarkeit: mindestens 1 Jahr

Duftende Zuversicht

Räuchermagie mit Baldrian

In kleiner Menge verräuchert, duftet Baldrian herrlich aromatisch trotz seines intensiven Geruchs. Er stärkt die Nerven, hilft uns durchzuhalten und steht uns in schwierigen Zeiten bei. Gerade dann, wenn es schwer ist, gibt er uns mehr Leichtigkeit und stärkt wieder unser Vertrauen.

Man benötigt (jeweils getrocknet):

- 1 Teil Baldrianwurzeln
- 2 Teile Johanniskraut
- 1/4 Teil Fichtennadeln
- 1/2 Teil Fichtenharz

Man benötigt (jeweils getrocknet):

- 1 EL Baldrianwurzeln
- 1 EL Rosenblüten
- 1 EL Lavendelblüten
- 1 EL Hopfenblüten
- 1 EL Kamillenblüten
- 150 ml Mandelöl
- 15 g Bienenwachs
- 1 EL Alkohol 70 Vol.-%
- Alkohol zum Desinfizieren

Duftende Schlafhilfe

Baldrian-Balsam für entspannte Nächte

Ein Ölauszug ist jetzt nicht der klassische Anwendungsfall für Baldrian, aber das darin enthaltene ätherische Öl lässt sich gut in Öl lösen. Gemeinsam mit anderen Kräutern entsteht ein feiner Balsam, der abends angewendet Ruhe und Schlaf fördert. Denn wir nehmen die duftenden Stoffe nicht nur über die Nase auf, sondern auch über die Haut!

So wird's gemacht:
Zunächst den Arbeitsplatz und die Geräte und Tiegel mit Alkohol desinfizieren.
Die Kräuter zerkleinern und im Mörser anstoßen. In ein feuerfestes Glas geben, mit dem Alkohol vermischen und gut durchrühren. Etwa 10 Minuten ziehen lassen. Anschließend mit dem Mandelöl übergießen und im Wasserbad etwa eine Stunde bei mittlerer Temperatur ziehen lassen. Danach abseihen und gemeinsam mit dem Bienenwachs erwärmen, bis es geschmolzen ist.
Vom Herd nehmen, mit einem Löffel rühren, bis die Masse eine sämige Konsistenz hat, danach in Tiegel abfüllen.

Haltbarkeit: etwa 1 Jahr

So wird's gemacht:
Die Kräuter im Mörser zerkleinern und anschließend gemeinsam mit der Milch in einen Topf geben und aufkochen lassen. Danach für einige Minuten ziehen lassen.
Die Schokolade hinzugeben und gut rühren, bis sie geschmolzen ist.
Danach abseihen und sofort genießen.

Haltbarkeit: sofort verbrauchen

Gute-Nacht-Trinkschokolade

Schokozauber für süße Träume

Manchmal muss es einfach Schokolade sein, nicht wahr? Diese lässt sich auch in einen entspannenden Einschlaftrunk verwandeln, der sehr aromatisch schmeckt. Beruhigende Kräuter lassen den Tag ausklingen und der Stress darf abfallen. Ein wunderbares Ritual, um den Tag loszulassen.

Man benötigt:

- 1 TL getrocknete Baldrianwurzel
- 1 TL getrocknete Kamillenblüten
- 1 TL getrocknete Rosenblüten
- 1/2 TL getrocknete Lavendelblüten
- Zesten einer halben Bio-Orange
- 250 ml (Pflanzen-)Milch
- 25–30 g dunkle Qualitätsschokolade

Beinwell

(Symphytum officinale)

Die rauen und behaarten Blätter verraten die Pflanzenfamilie, denn der Beinwell gehört zur Familie der Raublattgewächse. Die gelblichen oder auch dunkelvioletten Blüten ziehen von Mai bis August allerlei Insekten an. Mancherorts wird der Beinwell auch Beinheil, Knochenheiler, Wundallheil, Schwarzwurzel oder auch Schmerzwurz genannt. So ist es nicht verwunderlich, dass die Wurzel in der Volksheilkunde einen hohen Stellenwert hat und die Beinwellsalbe ein wichtiges Wundheilmittel bei Mensch und Tier war und ist.

Beinwell wirkt in der Tat entzündungshemmend, schmerzlindernd, fördert die Wundheilung und die Bildung von Knochengewebe nach einem Bruch und wird deshalb äußerlich bei Prellungen, Zerrungen und Verstauchungen verwendet. Die äußerlich schwarze Wurzel ist innerhalb hell

und fleischig sowie besonders schleimig, denn sie enthält eine große Menge an Schleimstoffen und bis zu 1,5 % des heilenden Allantoins.
Die Pflanze enthält aber auch Pyrrolizidinalkaloide, die im Verdacht stehen, leberschädigend zu sein, daher wird der Beinwell nur äußerlich angewendet. Außerdem sollte er nicht über einen längeren Zeitraum durchgehend verwendet werden. Schwangere und stillende Mütter sowie Kinder unter 3 Jahren sollten darauf verzichten.

Beinwell-Anwendungen dürfen nicht auf offene Wunden aufgetragen werden, da sie den Wundverschluss zu sehr fördern und so die obere Hautschicht zu schnell verheilen und zuwachsen könnte. Bei offenen Wunden ist es aber wichtig, dass sie von innen heraus heilen können, damit Wundwasser abfließen kann und sich keine Entzündung bildet.

Man benötigt:

- frisches Wurzelstück, etwa 3–4 cm lang – Menge je nach Größe des Umschlags – oder 1 EL getrocknete, pulverisierte Wurzel
- etwas Oliven- oder Johanniskrautöl
- optional: 1 EL Heilerde
- Kompresse und Mullbinde

Kompresse mit Wurzelkraft

Natürliche Unterstützung bei Verletzungen

Aus der frischen oder auch der getrockneten, pulverisierten Wurzel lässt sich ein Umschlag machen, der abschwellend wirkt und auch Schmerzen lindert. Er ist eine gute Anwendung, wenn es um Knochen, Bänder, Muskeln oder Sehnen geht. So hilft er bei Zerrungen, Prellungen, Quetschungen, Brüchen, Sehnenscheiden- oder Schleimbeutelentzündungen u.v.m.

So wird's gemacht:
Die frische Beinwellwurzel gut säubern und in kleine Stücke schneiden, oder das Pulver verwenden. Mit etwas Oliven- oder Johanniskrautöl, etwa 2 bis 3 EL, kräftig mixen. Es soll eine breiartige Konsistenz entstehen. Falls vorhanden, 1 EL Heilerde unterrühren. Die Masse auf die Kompresse auftragen und auf die zu behandelnde Stelle legen. Anschließend mit der Mullbinde umwickeln.
Der Umschlag kann über mehrere Stunden getragen werden.
Anschließend mit warmem Wasser abwaschen und gegebenenfalls wiederholen.

Haltbarkeit: sofort verwenden

So wird's gemacht:
Beinwellwurzel gründlich zerkleinern, anschließend locker bis zur Hälfte oder drei Viertel in ein Glas geben. Mit Alkohol übergießen und gut verschließen. An einem hellen, aber nicht vollsonnigen Ort mindestens 2 Wochen, idealerweise 3 bis 5 Wochen ziehen lassen. Täglich leicht schütteln. Nach der Ziehzeit abseihen und in Flaschen abfüllen.

Haltbarkeit: etwa 1 Jahr

Tinktur für Salben und Umschläge

Eine Beinwell-Tinktur ist eine schöne Möglichkeit, um die Kraft des Beinwells auf Vorrat zu haben. Sie kann einerseits als Zutat für eine Salbe verwendet werden, aber auch auf eine Kompresse geträufelt und dann als Umschlag angewandt werden.

Man benötigt:
- frische Beinwellwurzel
- Alkohol mit etwa 38 Vol.-%

Man benötigt:

- 30–40 g frische Beinwellwurzel (oder die Hälfte getrocknet)
- ca. 110 g Olivenöl
- 10 g Bienenwachs
- optional: 10 Tropfen Beinwell-Tinktur
- Alkohol zum Desinfizieren

Knochenheiler-Salbe

Für natürliche Wundheilung

Die Beinwellsalbe gehört zu einer der wichtigsten Wundheilsalben in der Volksheilkunde. In meiner Naturapotheke darf sie daher nicht fehlen, da sie ein wahres Multitalent ist. Egal ob es eine Prellung oder Verstauchung ist, oder ob es um unangenehme Gelenksschmerzen geht, der Beinwell darf unser Verbündeter und kleiner Helfer sein!

So wird's gemacht:

Zunächst den Arbeitsplatz und die Geräte und Tiegel mit Alkohol desinfizieren.
Beinwellwurzel klein schneiden und in ein feuerfestes Glas geben. Mit dem Olivenöl übergießen und im Wasserbad bei mittlerer Hitze mindestens eine Stunde ziehen lassen. Die Temperatur sollte dabei nicht über 70 Grad steigen. Gelegentlich umrühren. Eventuell auch über Nacht ziehen lassen – dabei vom Herd nehmen – und am nächsten Morgen nochmal kurz erwärmen.
Wurzel abfiltern. Das Öl in ein feuerfestes Glas geben, das Bienenwachs hinzufügen und im Wasserbad schmelzen lassen. Vom Herd nehmen und auf Handwärme rühren. Beinwell-Tinktur einrühren und in einen Tiegel abfüllen.

Haltbarkeit: etwa 10–12 Monate

Große und Kleine Bibernelle

„Esst Bibernell, dann sterbt ihr nicht so schnell!“, sagte man früher, als sie als Mittel gegen die Pest eingesetzt wurde. Heute wird sie hauptsächlich bei Husten verwendet. Es können dazu die Wurzeln der Kleinen, aber auch der Großen Bibernelle verwendet werden. Sie wird auch Pimpernell genannt, so wie manchmal auch der Kleine Wiesenknopf, der hier aber nicht gemeint ist. Die beiden Pflanzen sehen sich auch gar nicht ähnlich und sind gut zu unterscheiden.

Die Bibernellwurzeln wirken zusammenziehend, hustenreizlindernd, leicht auswurffördernd, blutstillend, schweiß- und harntreibend. Sie werden hauptsächlich bei Atemwegserkrankungen, aber auch bei Entzündungen im Rachenraum verwendet. In der Homöopathie wird die Bibernelle bei Nasenbluten, Kopfweh, Magen- und Darmproblemen sowie Bronchitis eingesetzt.

Möchte man die Wurzel nicht selbst graben, ist sie auch in der Apotheke oder in Naturfachgeschäften als *Pimpinellae radix* erhältlich.

Aktuell sind keine Nebenwirkungen bekannt, durch die enthaltenen Furanocumarine könnte eine Sensibilisierung hellhäutiger Personen gegenüber UV-Strahlung möglich sein.

Man benötigt:

- Bibernellwurzel
- Thymian
- Salbei
- 1 EL Honig
- Alkohol 70 Vol.-%

Bibernelle-Tinktur

Hustenhilfe aus dem Kräutergarten

Kaum wird es kalt draußen, beginnt auch die Erkältungszeit mit Husten, Schnupfen und Halsweh. Die Bibernelle kann mit ein paar anderen Kräutern zu einer Hustentinktur angesetzt werden. So hat man immer ein Hausmittel zur Hand.

So wird's gemacht:
Die Kräuter gründlich zerkleinern und zu gleichen Teilen bis etwa zur Hälfte in ein verschließbares Glas füllen. Anschließend mit dem Alkohol übergießen und für 3 bis 4 Wochen ziehen lassen. Danach abfiltern. Auf etwa 100 ml Tinktur einen Esslöffel Honig unterrühren, anschließend in Tropfflaschen füllen.
Vor der Verwendung gut schütteln und etwa dreimal täglich 15 Tropfen mit etwas Wasser einnehmen.

Haltbarkeit: etwa 1 Jahr

So wird's gemacht:
Die Kräuter grob zerkleinern und in eine Schüssel füllen. Alles gut miteinander vermischen und in ein Glas abfüllen. Für eine Tasse Tee etwa 1 TL der Mischung mit heißem Wasser übergießen, 10 Minuten ziehen lassen, anschließend abseihen.

Haltbarkeit: etwa 1 Jahr

Bibernelle-Mischung

Für die Atemwege

Wer lieber eine gute Tasse Tee trinkt, der liegt bei Husten mit dieser Mischung goldrichtig. Er kombiniert die Wurzel mit anderen hustenstillenden und beruhigenden Kräutern. Der Tee kann auch mit der Hustentinktur kombiniert werden.

Man benötig (jeweils getrocknet):

- 1 Teil Bibernellwurzel
- 1 Teil Thymian
- 1 Teil Fenchel
- 1/2 Teil Salbei
- 1/2 Teil Kamille

Man benötigt (jeweils getrocknet):

- ✻ 35 g Bibernellwurzel
- ✻ 25 g Fenchel
- ✻ 25 g Kümmel
- ✻ 25 g Wacholderbeeren
- ✻ 20 g Anis
- ✻ 20 g Schafgarbenkraut
- ✻ 20 g Wermutkraut

Heidelberger Kräuterpulver

Gesunde Würzkraft

Der deutsche Naturheilkundler Bertrand Heidelberger (1845–1925) entwickelte zu seiner Zeit ein Kräuterpulver, das auch als „Heidelbergers 7 Kräuter Stern“ bekannt ist. Er erkannte schon damals, dass Bitterstoffe wichtig für unsere Verdauung sind. Die Kräuter und Gewürze, die er in diesem Pulver kombiniert, wirken antibakteriell, antiviral, fördern die Durchblutung und bringen Wärme in den Körper. Das duftende Pulver kann, sparsam dosiert, als Gewürz verwendet werden.

So wird's gemacht:
Die Kräuter und Gewürze entweder im Mörser oder in einer Kaffeemühle fein mahlen und anschließend in ein Glas füllen.
Eine Prise täglich übers Essen streuen und die Kraft der Bitterstoffe spüren!

Haltbarkeit: etwa 1 Jahr

Blutwurz

(Potentilla erecta)

Eine kleine gelbe Pflanze mit einer besonderen Wurzel: Die Blutwurz hat einen kriechenden Wurzelstock, der knorrig und von einer dunklen Rinde umgeben ist. Schneidet man das Rhizom der Blutwurz auf, so färbt sich das Innere nach kurzer Zeit rot. Es scheint, als ob die Wurzel bluten würde. Sie wurde daher nach der Signaturenlehre auch bei blutenden Wunden eingesetzt. Das brachte ihr den Namen Potentilla ein, der sich vom lateinischen *potens* ableitet, was so viel wie „mächtig" bedeutet. Vielleicht kennt der eine oder andere die Blutwurz auch noch unter ihrem alten Namen Tormentilla, der wiederum vom lateinischen *tormentum* kommt und „Kolik" bedeutet. Denn sie wirkt sehr gut bei Durchfällen und Krämpfen.

Die Blutwurz wirkt zusammenziehend, austrocknend, stopfend, blutstillend, krampflösend, entzündungshemmend

und antibakteriell. Deshalb wird sie bei Durchfallerkrankungen sowie bei leichten Entzündungen im Mund- und Rachenraum verwendet. Äußerlich wird sie auch eingesetzt zur Blutstillung, bei Hämorrhoiden und unterstützend bei chronischer Darmentzündung.
Kocht man einen Tee aus der Blutwurz, so sollte er möglichst rasch verwendet werden, da die darin gelösten Gerbstoffe sonst beim Kontakt mit dem Luftsauerstoff an Wirksamkeit verlieren könnten.

Die Blutwurz wird trotz ihres Gerbstoffgehaltes sehr gut vertragen. Da bei innerlicher Einnahme die Gerbstoffe andere Medikamente binden und so die Wirksamkeit heruntersetzen könnten, ist es empfehlenswert, einen Abstand von etwa einer Stunde zwischen der Einnahme von Blutwurz und anderen Medikamenten einzuhalten.

Man benötigt:

- frische oder getrocknete Blutwurz-Rhizome
- Alkohol mit 50–70 Vol.-%

Blutwurz-Tinktur

Gegen Entzündungen und Durchfall

Ein alkoholischer Auszug aus der Blutwurz sollte in keiner Hausapotheke fehlen, damit die Tinktur gleich zur Stelle ist, wenn eine Entzündung im Mundraum plagt oder ein Durchfall die Verdauung stört.

So wird's gemacht:
Frische Rhizome klein schneiden und damit ein verschließbares Glas bis zu drei Viertel befüllen, bei Verwendung von getrockneter und gemörserter Blutwurz etwa bis zur Hälfte.
Mit dem Alkohol übergießen und verschließen. An einem hellen, aber nicht vollsonnigen Platz etwa 3 Wochen ziehen lassen. Anschließend abseihen und in Tropfflaschen füllen.

Bei Durchfall etwa dreimal täglich 15 bis 20 Tropfen einnehmen. Zur Spülung des Mundraums mit Wasser verdünnen und damit gurgeln, danach wieder ausspucken.

Haltbarkeit: mindestens 1 Jahr

So wird's gemacht:
Zunächst den Arbeitsplatz und die Geräte und Tiegel mit Alkohol desinfizieren. Jojobaöl, Sheabutter und Wollwachs in ein feuerfestes Glas geben. Die Blutwurz-Tinktur in ein zweites Glas geben und beide im Wasserbad erwärmen. Haben sie etwa die gleiche Temperatur von etwa 65 Grad, vom Herd nehmen und die Blutwurz-Tinktur unter Rühren mit einem Mixer langsam ins Öl gießen, bis sich alles gut miteinander verbunden hat. In Tiegel abfüllen und abkühlen lassen.

Haltbarkeit: etwa 6 Monate

Wohltuender Balsam

Für sensible Beschwerden

Hämorrhoiden sind meist ein Tabuthema und es wird nicht so gerne darüber gesprochen. Aber es gibt sie nun mal und wenn man daran leidet, ist auch hier die Blutwurz ein guter Partner. Da aber die Gerbstoffe nur schwer in Öl löslich sind, wird in die Salbe die Blutwurz-Tinktur (siehe S. 60–61) eingearbeitet.

Man benötigt:
- 20 g Blutwurz-Tinktur (siehe S. 60–61)
- 30 g Jojobaöl
- 10 g Sheabutter
- 35 g Wollwachs (Lanolin)
- Alkohol zum Desinfizieren

Große und Kleine Brennnessel

Egal ob die jungen Blätter, die aromatischen Früchte oder die kräftige Wurzel – die Brennnessel ist von Kopf bis Fuß eine interessante Heilpflanze – nur leider kann sie bei Berührung doch recht brennen. Freundet man sich aber mit ihr an, so schätzt man sie ein Leben lang!

Sowohl Große wie Kleine Brennnessel können verwendet werden. Auch wenn sie im Garten nicht immer gern gesehen ist, sollte man nicht vergessen, dass auf den Blättern der Brennnessel über 50 Schmetterlingsarten ihre Eier ablegen. Für das Tagpfauenauge und den Kleinen Fuchs ist sie besonders wichtig, da deren Raupen ausschließlich Brennnesselblätter fressen.

In der Wurzel findet man Lektine, Phytosterole, Polysaccharide, Lignane und Cumarine. Sie wirkt sich positiv auf die

Prostata aus, indem sie deren Wachstum hemmen kann. Sie verbessert ebenso den Harnfluss, senkt die Restharnmenge, wirkt harntreibend, abschwellend und entzündungshemmend – also *die* Pflanze für Blase und Prostata. Daher ist es auch nicht verwunderlich, dass sie bei schmerzhaftem und häufigem Wasserlassen oder nächtlichem Harndrang verwendet wird.

Aber auch die Samen der Brennnessel stecken voller Kraft und können ab etwa August gesammelt werden. Einfach übers Butterbrot streuen, Salate und Aufstriche verfeinern und genießen.

Man benötigt:

- frische oder getrocknete Brennnesselwurzeln
- Alkohol 38 Vol.-%

Brennnesselwurzel-Tinktur

Prostata-Power

Eine Tinktur für die Prostata! Viele Männer leiden im Alter an einer vergrößerten Prostata. Die Inhaltsstoffe der Brennnesselwurzel-Tinktur können die Bildung bestimmter Stoffe im Körper hemmen, die für das gutartige Wachstum der Prostata verantwortlich sind. Das schmerzhafte und häufige Wasserlassen, der nächtliche Harndrang oder das Harnverhalten können gemildert werden.

So wird's gemacht:
Die Wurzeln gründlich zerkleinern und bis etwa zur Hälfte in ein verschließbares Glas füllen. Mit dem Alkohol übergießen und verschließen. An einem hellen, aber nicht vollsonnigen Platz mindestens 3 bis 4 Wochen ziehen lassen. Danach abseihen und in Tropfflaschen füllen.

Haltbarkeit: mindestens 1 Jahr

So wird's gemacht:
Die Kräuter und Wurzeln gründlich zerkleinern und in ein verschließbares Glas füllen. Mit Apfelessig übergießen und für mindestens 3 bis 4 Wochen an einem hellen, aber nicht vollsonnigen Platz ziehen lassen. Danach abseihen und in eine Flasche füllen. Für die Saure Rinse etwa 2 EL des Essigs mit etwa 1 Liter kaltem Wasser vermischen. Nach der Haarwäsche das Gemisch langsam über den Kopf geben und in Kopfhaut und Haare einmassieren. Die Saure Rinse muss nicht abgespült werden.

Haltbarkeit: etwa 1 Jahr

Saure Rinse

Natürliche Pflege für die Kopfhaut

Die Brennnesselwurzel ist auch bekannt dafür, dass sie gegen Schuppen wirkt und die Haarwurzeln aktiviert. Mit Wasser 1:1 verdünnt, kann der Haaressig in die Kopfhaut massiert werden, oder man verwendet ihn als sogenannte Saure Rinse. Sie macht die Haare glänzend, geschmeidig und gesund.

Man benötigt:

- 2 EL Brennnesselwurzeln
- 1 EL Klettenwurzeln
- 1 EL Birkenblätter
- 1 EL Kamillenblüten
- 250 ml Apfelessig

Man benötigt:

- 1 Handvoll frische Brennnesselwurzeln
- 1 Handvoll frische Brennnesselblätter
- 2–3 l Wasser

Fußbad mit Wurzeln und Blättern

Für wohltuende Durchblutung

Kalte Füße sind wahrlich unangenehm, man kann sie aber wieder gut in Schwung bringen mit einem durchblutungsfördernden Fußbad. Dazu werden sowohl Wurzeln als auch Blätter der Brennnessel verwendet.

So wird's gemacht:
Wurzeln und Blätter zerkleinern und über Nacht mit dem Wasser ansetzen. Am nächsten Tag aufkochen und das Wasser auf eine angenehme Wärme abkühlen lassen. Nicht abseihen und die Füße darin für etwa 15 bis 20 Minuten baden. Der Brennnesselansatz kann nochmal für weitere 2 bis 3 Anwendungen erwärmt werden.

Haltbarkeit: innerhalb von 2–3 Tagen verwenden

So wird's gemacht:
Die Kräuter grob zerkleinern und in eine Schüssel geben. Alles gut miteinander vermischen und in ein Glas abfüllen.
Für eine Tasse Tee etwa 1 TL der Mischung mit heißem Wasser übergießen, 10 Minuten zugedeckt ziehen lassen, anschließend abseihen.

Haltbarkeit: etwa 1 Jahr

Brennnesselwurzel-Blasentee

Zur Prostataunterstützung

Die Brennnesselwurzel wirkt leicht entzündungshemmend und kann das fortschreitende Wachstum einer gutartig vergrößerten Prostata verlangsamen. Neben der Tinktur (Rezept Seite 66–67) kann man die Wirkstoffe der Wurzel auch gut in Tee lösen.

Man benötigt:

- 1 Teil Brennnesselwurzeln
- 1/2 Teil Brennnesselblätter
- 1 Teil Kleinblütiges Weidenröschen
- 1/2 Teil Kamillenblüten
- 1/2 Teil Melissenblüten

Eibisch

(Althaea officinalis)

Die mehrjährige Staude, die zu den Malvengewächsen zählt, hat den botanischen Namen *Althaea*, was sich von *altheeis* ableitet – dies bedeutet so viel wie „heilkräftig". So hat sie auch schon Karl der Große in seiner Landgutverordnung erwähnt und den Anbau der Pflanze gefördert. Im Englischen wird der Eibisch Marshmallow genannt, was auch auf die bekannte Süßigkeit deutet, denn früher wurden diese Leckereien mit Eibischwurzeln hergestellt. Dabei geht das Rezept auf einen Vorläufer der Marshmallows zurück, und zwar auf „Pâte de guimauve", eine Teigmasse, die aus Eiweiß, Zucker und Eibischschleim besteht.

Die Eibischwurzel enthält bis zu 20 % Schleimstoffe – aber auch in den Blättern sind etwa 6 bis 9 % davon zu finden. So wirken sie reizlindernd, hustenreizstillend und leicht entzündungshemmend. Sie werden daher bei

Schleimhautentzündungen im Mund- und Rachenraum und vor allem bei trockenem Reizhusten verwendet. Äußerlich kann ein Umschlag zur Wundbehandlung aufgelegt werden.

Nimmt man andere Medikamente ein, so ist es ratsam, mindestens eine halbe Stunde mit der Einnahme von Eibisch zu warten, da die darin enthaltenen Schleimstoffe Substanzen an sich binden können und so die Aufnahme von Medikamenten schwächen.

Man benötigt:

- 50 g Eibischwurzeln
- 10 g Eibischblätter
- 20 g Königskerzenblüten
- 10 g Süßholzwurzel
- 10 g Anisfrüchte

Eibischtee für die Erkältungszeit

Lindernde Wärme in der Tasse

Winterzeit ist oft Erkältungszeit und Husten geht damit meist einher. Zuerst beginnt es mit einem trockenen Reizhusten, wobei es heftig im Hals kratzt, aber keinen Auswurf gibt. Wichtig ist es, dass die gereizten Schleimhäute befeuchtet werden. Daher viel trinken, am besten auch immer wieder eine Tasse Hustentee mit Eibisch!

So wird's gemacht:
Alle Zutaten in einer Schüssel gut vermischen und anschließend in ein Glas abfüllen. Für eine Tasse Tee einen Teelöffel der Mischung im Mörser andrücken. Mit etwa 250 ml heißem Wasser übergießen und zugedeckt 8 bis 10 Minuten ziehen lassen, danach abseihen.

Haltbarkeit: etwa 1 Jahr

So wird's gemacht:
Die Hälfte des Wassers in die Schüssel des Mixers geben, das Gelatinepulver darüber streuen und quellen lassen. Die andere Hälfte mit dem Honig und dem Salz in einen Topf geben und langsam erhitzen, bis es zu sprudeln beginnt. Die Temperatur sollte über 100 Grad liegen. Danach den Mixer auf niedrigste Stufe schalten und langsam das Honig-Wasser-Gemisch unter die Gelatine rühren. Die Geschwindigkeit erhöhen und ordentlich aufschlagen, bis eine fluffige Masse entsteht. Zum Schluss Eibischwurzelpulver und Vanillearoma kurz untermischen.
Eine Auflaufform mit Backpapier auslegen, diese mit Stärkemehl bestreuen. Danach die aufgeschlagene Marshmallow-Masse in die Form gießen und nochmals mit Stärkemehl bestreuen. Im Kühlschrank für mehrere Stunden fest werden lassen, anschließend eventuell noch mit Kräuterzucker bestreuen und in Stücke schneiden.

Haltbarkeit: im Kühlschrank gelagert etwa 1 Woche

Marshmallows

Fluffige Nascherei

Im amerikanischen Raum kennt Marshmallows jedes Kind. Sie werden über dem Lagerfeuer geröstet, mit in den Kakao gemischt oder einfach so genascht. Dabei geht der Name auf die Eibischwurzel zurück, denn früher war sie Teil der beliebten Süßigkeit. Auch der bei uns bekannte Eibischteig beinhaltet einen wässrigen Auszug aus der Eibischwurzel. Dieses Rezept der Marshmallows ist kein Originalrezept, wird aber fluffig leicht und hat durch die Eibischwurzel eine besondere Zutat.

Man benötigt:

- 1 EL Eibischwurzelpulver
- 340 g Honig
- 240 g Wasser
- 30 g Bio-Gelatine in Pulverform
- 1 EL Vanillearoma
- Prise Salz
- Stärkemehl
- optional: Kräuterzucker zum Bestreuen

Man benötigt:

- 1 EL pulverisierte Eibischwurzel
- 1 EL Heilerde
- 1 EL Honig
- 3–4 EL warmes Wasser

Gesichtsmaske mit beruhigendem Eibisch

Entspannung für gestresste Haut

Gerade gereizte Haut profitiert vom Eibisch, da er entzündungshemmend und durch seine Schleimstoffe sehr beruhigend wirkt. Die Gesichtsmaske sorgt für einen feinen rosigen Teint.

So wird's gemacht:
Alle Zutaten in eine Schüssel geben und zu einer Paste vermischen. Sollte die Maske noch zu fest sein, etwas mehr Wasser hinzufügen. Sofort auf die Haut im Gesicht und aufs Dekolleté auftragen. Etwa eine halbe Stunde einwirken lassen, danach mit lauwarmem Wasser abwaschen.

Haltbarkeit: sofort verbrauchen

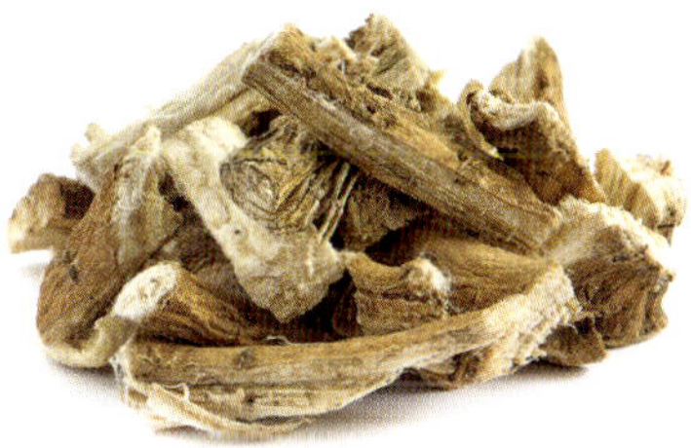

Eibisch

Engelwurz

(Angelica archangelica)

Majestätisch sieht sie aus, die Engelwurz, wenn sie in voller Pracht und Blüte steht, denn sie kann bis zu 2 Meter hoch werden. Der Legende nach soll sie ihre Kraft durch die Segnung eines Erzengels erhalten haben, seither trägt sie auch das Wort „Engel" in ihrem Namen.
Ihre Wurzel hat einen aromatisch-würzigen Geruch, schmeckt leicht scharf und bitter. Sie hat meist eine grau-, rötlich- bis schwarzbraune Wurzelrinde und im Inneren ein gelbes Wurzelfleisch. Sie wird

am besten vor der Blüte im zweiten Jahr geerntet, wirkt krampflösend, galletreibend und fördert die Entstehung von Magensaft. Außerdem hat sie eine harntreibende, nierenfunktionsanregende, leicht schweißtreibende, schleimlösende und auswurffördernde Wirkung. So wird sie hauptsächlich verwendet bei Appetitlosigkeit, Verdauungsbeschwerden, Magen-Darm-Krämpfen, Völlegefühl, Blähungen, aber auch äußerlich bei Schnupfen und Lymphknotenschwellungen. Sie enthält aber auch Furanocumarine, welche die Haut lichtempfindlicher machen. Daher sollte man sie an sonnigen Tagen besser mit Handschuhen ernten, da sonst blasenartige Entzündungen (etwa die sogenannte „Wiesengräserdermatitis“) entstehen können. In der Schwangerschaft sollte man wegen ihrer durchblutungsfördernden Wirkung auf die Engelwurz besser verzichten.

Man benötigt:

- 80 g Olivenöl
- 20 g Johanniskrautöl (siehe S. 240)
- 2 EL getrocknete Engelwurz-Wurzeln
- 10 g Bienenwachs
- optional 5 Tropfen ätherisches Engelwurzöl
- Alkohol zum Desinfizieren

Schnupfnasen-Balsam

Für Stirn und Nase

Der zart duftende Balsam hilft mit seinen ätherischen Ölen bei verstopfter Nase, wirkt auswurffördernd und löst den Schleim. Er kann auf die Brust aufgetragen werden, um Husten und Bronchitis zu mildern, aber auch auf Nasenflügeln, Nasennebenhöhlen oder die Stirn.

So wird's gemacht:
Zunächst den Arbeitsplatz und die Geräte und Tiegel mit Alkohol desinfizieren. Die Engelwurz-Wurzeln gründlich mörsern und mit dem Olivenöl in ein feuerfestes Glas geben. Im Wasserbad bei mittlerer Temperatur mindestens eine Stunde ziehen lassen. Am besten über Nacht stehen lassen und am nächsten Tag das leichte Erhitzen nochmals wiederholen.
Danach abfiltern und das gewonnene Öl gemeinsam mit dem Johanniskrautöl und dem Bienenwachs im Wasserbad erwärmen, bis das Wachs geschmolzen ist. Vom Herd nehmen, das ätherische Öl eintropfen, danach mit einem Löffel oder Spatel kaltrühren. In Tiegel abfüllen.

Haltbarkeit: etwa 1 Jahr

So wird's gemacht:
Alle Zutaten im Mörser zerkleinern und in einer Schüssel vermischen. In ein verschließbares Glas füllen. Die Räuchermischung eignet sich für Räucherkohle, aber auch fürs Stövchen. Beim Stövchen ein Efeublatt darunterlegen, damit die Myrrhe das Sieb nicht verklebt.

Haltbarkeit: mindestens 1 Jahr

Lichtvolle Räuchermischung

Die Engelwurz wird auch als Botin des Lichtes bezeichnet, denn ihre gespeicherten Sonnenkräfte vermögen unser Gemüt zu erwärmen und bringen Licht, wenn es in uns gerade dunkel ist. Sie erdet uns, gibt uns Selbstvertrauen, Mut und Zuversicht. Besonders auch dann, wenn wir einen Neubeginn starten, und das Unbekannte, das vor uns liegt, noch etwas unsicher macht.

Man benötigt:

- 1 Teil Engelwurz-Wurzeln
- 1 Teil Johanniskraut
- 1/2 Teil Tonkabohne
- 1 Teil Myrrhe

Man benötigt:

- 50 g getrocknete Engelwurz-Wurzeln
- 1 Bio-Orange
- 1 Bio-Zitrone
- 1 Zimtstange
- 1 TL Nelken
- 1 TL Kardamom
- 150 g Kandiszucker
- 1 l Wodka

Engelwurz-Likör als Digestif

Hilft der Verdauung

Der aromatische Likör schmeckt nicht nur lecker, er ist auch ein gutes Mittel zur Anregung der Verdauung, bei Völlegefühl oder Blähungen. Der Zucker kann im Rezept auch weggelassen, reduziert oder durch Honig ersetzt werden.

So wird's gemacht:
Wurzeln und Gewürze im Mörser zerstoßen und in ein Glas füllen. Zesten aus den Schalen der Orange und der Zitrone schneiden und gemeinsam mit dem Zucker hinzufügen. Mit dem Wodka übergießen und das Glas verschließen. Mindestens 4 Wochen an einem hellen, aber nicht vollsonnigen Platz ziehen lassen. Danach abseihen und in Flaschen füllen.

Haltbarkeit: mehrere Jahre

So wird's gemacht:
Wurzeln, Samen und Gewürze im Mörser zerstoßen, in einen Topf geben und mit dem Rotwein übergießen. Leicht erhitzen und bei mittlerer Temperatur zugedeckt für eine halbe Stunde ziehen lassen. Danach vom Herd nehmen und über Nacht stehen lassen.
Danach abseihen, den Honig unterrühren und in eine Flasche füllen.

Haltbarkeit: gut gekühlt mehrere Wochen

Angelika-Wein

Klostermedizin in der Flasche

Heilweine haben eine lange Tradition, besonders in der Klostermedizin. Sie sind einfach herzustellen, sehr aromatisch und daher meist überaus beliebt. Ein Likörgläschen des Angelika-Weines kann nach dem Essen zu sich genommen werden und ist eine Alternative zum Likör.

Man benötigt:

- 40 g getrocknete Engelwurz-Wurzeln
- optional: 1 Handvoll getrocknete Engelwurz-Samen
- 1 Zimtstange
- 1 Vanilleschote
- 1 TL Gewürznelken
- 1 l Rotwein
- optional: 3–4 EL Honig

Ingwer *(Zingiber officinale)*

Der Ingwer ist eine mehrjährige Pflanze, die zur Familie der Ingwergewächse zählt und in den Subtropen und Tropen beheimatet ist. Die aromatisch-scharfe, schilfartige Pflanze bzw. ihr Rhizom ist bei uns beliebter denn je: Sie wird als Gewürz in Speisen, als Tee, als Heilmittel oder im bekannten Ginger Ale getrunken. Für die Ernte des Wurzelstocks sollte sie schon etwa 8 Monate alt sein.

Durch phönizische Händler kam der Ingwer vermutlich nach Europa. Bereits die alten Griechen und Römer schätzten die scharfe Wurzel als Heilmittel, aber auch zum Würzen von Fleisch, Gemüse oder auch für Süßspeisen. Im Mittelalter wurde Ingwer zu einem wichtigen Handelsartikel in Mitteleuropa und wohl von den Kreuzfahrern eingeführt. Man erkannte die Wirksamkeit der Knolle, welche in Asien schon lange bekannt war.

Ingwer wirkt appetitanregend, verdauungsfördernd, galletreibend, tonisierend, brechreizlindernd, entzündungshemmend und erwärmend. So wird er als verdauungsfördernde Gewürzpflanze eingesetzt, aber auch bei Appetitlosigkeit, kalten Händen und Füßen, bei Erkältungen, schleimigem Husten, zur Anregung der Menstruation, bei schmerzhafter Menstruation, bei rheumatischen Beschwerden sowie zur Vorbeugung von Übelkeit und Erbrechen bei Reisekrankheit.

Nimmt man Ingwer in konzentrierter Form für längere Zeit ein, so können seine Scharfstoffe die Magenschleimhaut reizen. Leidet man an Gallensteinen, sollte man eine konzentrierte Einnahme mit dem Arzt absprechen.

Man benötigt:

- 100 g frischen Ingwer
- 2 Bio-Orangen
- 2 Bio-Zitronen
- kleines Stück frischen Kurkuma oder 1 TL getrocknet
- 300 ml Wasser
- 80 g Honig
- 2 Msp. Pfefferpulver

Immun-Booster

Für Stärke und Vitalität

Ein feuriger Saft mit großer Wirkung – nicht umsonst ist der Ingwer Shot in den letzten Jahren so beliebt geworden. Er stärkt das Immunsystem und fördert die Verdauung – und das in konzentrierter Form. Gerade in unserem hektischen Alltag ist der Booster eine sehr praktische und einfache Möglichkeit, den Körper zu stärken.

So wird's gemacht:
Orangen und Zitronen auspressen und den Saft in einen Mixer geben. Ingwer und Kurkuma grob zerkleinern und gemeinsam mit dem Wasser, Honig und Pfeffer in die Mixschüssel hinzufügen. Auf höchster Stufe so fein wie möglich zerkleinern. Anschließend abseihen und die Flüssigkeit in kleine Flaschen füllen. Täglich eine kleine Menge davon trinken.

Haltbarkeit: im Kühlschrank etwa 1 Woche

So wird's gemacht:
Zunächst den Arbeitsplatz und die Geräte und Tiegel mit Alkohol desinfizieren. Die Zimtstange aufbrechen und gemeinsam mit dem Ingwer und dem Olivenöl in ein feuerfestes Glas geben. Im Wasserbad bei mittlerer Temperatur mindestens eine Stunde ziehen lassen. Am besten über Nacht stehen lassen und den Vorgang am nächsten Tag wiederholen. Danach abfiltern und das gewonnene Öl gemeinsam mit dem Johanniskrautöl, der Sheabutter und dem Bienenwachs im Wasserbad erwärmen, bis das Wachs geschmolzen ist. Vom Herd nehmen und mit einem Löffel oder Spatel auf Handwärme rühren. In Tiegel abfüllen und im Kühlschrank auskühlen lassen.

Haltbarkeit: etwa 10–12 Monate

Ingwer-Salbe für kalte Winterfüße

Wohltuende Wärme im Tiegel

Ingwer wirkt nicht nur innerlich erwärmend, auch äußerlich aufgetragen ist er durchblutungsfördernd. Gerade im Winter bei kalten Füßen ist es eine Wohltat, sich mit der Ingwer-Salbe einzureiben. Aber auch bei Muskelschmerzen hilft die Salbe sehr gut.

Man benötigt für den Ölauszug:

- 100 g Olivenöl
- 2 EL geriebenen Ingwer
- 1 Zimtstange
- Alkohol zum Desinfizieren

Man benötigt für die Salbe:

- 80 g Ingwer-Ölauszug
- 10 g Johanniskrautöl (siehe S. 240)
- 10 g Sheabutter
- 10 g Bienenwachs

Man benötigt:

- 500 g frische Ingwerwurzeln
- 400 g Zucker
- etwas Zucker zum Wälzen
- 550 ml Wasser

Kandierter Ingwer

Aromatische Harmonie

Eine süße Leckerei, die gar nicht mehr so scharf, dafür aber herrlich aromatisch schmeckt. Dabei wird die Ingwerwurzel in Zuckerwasser gekocht, bis eine harmonische Balance zwischen Würze und Süße entsteht.

So wird's gemacht:
Ingwer fein schälen und in Stücke oder Würfel schneiden. Zucker und Wasser in einen Topf geben und aufkochen lassen. Der Zucker sollte sich vollständig gelöst haben. Ingwer hinzugeben und etwa 15 Minuten köcheln lassen. Anschließend die Ingwerstücke abschöpfen und auskühlen lassen. Danach den Vorgang noch zwei- bis dreimal wiederholen. Zum Schluss den Ingwer auflegen und vollständig trocknen lassen. In etwas Zucker wälzen und in einem verschließbaren Glas aufbewahren.

Haltbarkeit: mehrere Wochen

So wird's gemacht:
Ingwer fein schälen und in Scheiben schneiden. Zesten aus den Zitronenschalen schneiden, danach den Saft auspressen. Ingwer, Zesten, Zitronensaft, Zucker und Wasser in einen Topf geben und zum Kochen bringen. Etwa 15 Minuten sanft köcheln lassen, danach abseihen und abkühlen lassen. Zum Schluss mit dem Wodka vermischen und in Flaschen füllen.

Haltbarkeit: mehrere Jahre

Feiner Likör

Für aromatischen Getränke-Mix

Auch als Likör verarbeitet, schmeckt Ingwer herrlich fein und man kann ihn sehr gut zum Mixen von Getränken verwenden. Ein klein wenig mit Prosecco aufgespritzt, schmeckt herrlich. Und als Geschenk ist er immer gern gesehen.

Man benötigt:

- 100 g frischen Ingwer
- 3 Bio-Zitronen
- 500 ml Wodka
- 200 g Zucker
- 250 ml Wasser

Man benötigt
für das Karotten-Ölmazerat:

- 1 Karotte
- 100 ml Mandelöl
- Alkohol zum Desinfizieren

Man benötigt
für die Schüttellotion:

- 50 ml Karotten-Ölmazerat
- 40 ml Lavendelhydrolat
- 10 ml Ringelblumentinktur (siehe S. 240)

After-Sun-Schüttellotion

mit Karotte und Lavendel

Karotten können auch in der Kosmetik verwendet werden, weil sie eine antioxidative, hautschützende und zellerneuernde Wirkung haben. Gerade nach einem Sonnenbad sollte man der Haut besondere Beachtung schenken, und so ergibt das Karotten-Ölmazerat in Kombination mit beruhigendem Lavendelhydrolat eine sanfte Pflege. Allein kann es auch als Haarkur für trockenes Haar verwendet werden.

So wird's gemacht:
Zunächst alle Arbeitsgeräte und Behälter desinfizieren. Karotte möglichst klein raspeln und mit dem Mandelöl in ein hitzebeständiges Glas geben. Im Wasserbad mindestens eine Stunde bei mittlerer Temperatur ziehen lassen, anschließend abseihen.
Alle Zutaten der Schüttellotion in eine Sprühflasche füllen. Vor der Verwendung immer gut schütteln, sodass sich beide Phasen gut miteinander verbinden.

Haltbarkeit: etwa 4–6 Wochen

So wird's gemacht:
Zunächst alle Arbeitsgeräte und Behälter desinfizieren. Sheabutter und Kokosöl im Wasserbad langsam schmelzen. Temperatur zurückdrehen und in der Restwärme die Kakaobutter schmelzen. Karotten-Ölmazerat hinzugeben, alles vermischen und im Kühlschrank auskühlen lassen. Ist die Masse fest geworden, mit einem Handrührgerät oder einem Mixer wie Schlagsahne aufschlagen und anschließend in Tiegel füllen.

Haltbarkeit: etwa 6 Monate

Bodybutter

Für trockene und gereizte Haut

Die tiefpflegende Bodybutter ist besonders bei trockener, rissiger und gereizter Haut eine Wohltat. Dazu wird wieder das Karotten-Ölmazerat (siehe S. 104–105) verwendet, das der Bodybutter auch eine zarte orange Färbung verleiht.

Man benötigt:

- 50 g Karotten-Ölmazerat
- 100 g Sheabutter
- 25 g Kakaobutter
- 25 g Kokosöl
- 25 Tropfen ätherisches Öl nach Wahl
- Alkohol zum Desinfizieren

Man benötigt:

- 2 EL fein geriebene Karotten
- 1 EL Honig
- 1 EL Olivenöl
- Spritzer Zitronensaft

Karotten-Gesichtsmaske

Für natürliche Frische

Oft sind es die einfachen Dinge, die uns besonders guttun. Es braucht auch nicht viel, um eine pflegende Gesichtsmaske selbst zu machen. Das meiste dazu findet man in der Küche. Falls sowieso die Zubereitung von Karotten ansteht, kann man ein bisschen etwas abzweigen und damit eine besondere Pflege für die Haut herstellen.

So wird's gemacht:
Alle Zutaten miteinander vermischen, wenn möglich pürieren. Auf die Haut auftragen und etwa 15 bis 20 Minuten einwirken lassen. Anschließend mit lauwarmem Wasser abwaschen.

Haltbarkeit: sofort verbrauchen

So wird's gemacht:
Ein Glas bis zur Hälfte mit Honig befüllen. Die Karotten möglichst klein schneiden und zum Honig hinzugeben, bis das Glas fast voll ist, sie den Deckel aber nicht berühren. Gut verrühren, danach das Glas verschließen und über Nacht ziehen lassen. Die Karotten abseihen und den gewonnenen Saft löffelweise einnehmen, oder gemeinsam mit den Karottenstücken essen.

Haltbarkeit: im Kühlschrank etwa 4–5 Tage

Karotten-Hustensirup

Hustensirupe aus Wurzeln, Zwiebeln und Möhren sind sehr beliebt und das nicht ohne Grund: Die bewährten Hausmittel sind einfach herzustellen, schmecken gut und man hat die Zutaten meist zuhause. Honig wirkt antibakteriell und entzündungshemmend, Karotten sind reich an Vitaminen und stärken den geschwächten Körper. Der Sirup kann auch vorbeugend zur Stärkung des Immunsystems eingenommen werden.

Man benötigt:

- Honig
- Karotten

Man benötigt:

- 200 g Karotten
- 1 Zwiebel
- 100 g Butter
- 100 g Tomatenmark
- 1 EL Thymian oder Quendel
- 1 TL Oregano
- Prise Pfeffer
- 1 TL Salz
- Prise Zucker
- etwas Zitronenschalenabrieb

Karotten-Tomaten-Aufstrich

Farbenfrohe Köstlichkeit

Karotten sind in der Küche sehr beliebt – als Salat, in Suppen, als Beilagen oder auch als Zutat in einem saftigen Kuchen und bei vielem anderen mehr. Auch ein Aufstrich zusammen mit feinen Tomaten schmeckt hervorragend und bereichert einen Brunch oder eine leckere Jause am Abend, schmeckt aber auch als Dip oder zu Pasta hervorragend.

So wird's gemacht:
Die Zwiebel klein schneiden und in der Pfanne mit etwa 1 EL Butter anbraten, bis sie leicht bräunlich sind. Karotten fein reiben und gemeinsam mit der restlichen Butter, dem Tomatenmark und den Gewürzen in die Pfanne geben. Etwa 10 Minuten dünsten. Anschließend den Zitronenschalenabrieb hinzugeben und die Masse fein pürieren, sodass ein homogener Aufstrich entsteht.

Haltbarkeit: mehrere Tage im Kühlschrank

So wird's gemacht:
Die Karotten in Stücke schneiden und mit dem Wasser in einen Topf geben. Etwa 1 bis 1,5 Stunden köcheln lassen. Danach fein pürieren. Da beim Einkochen Wasser verdampft, mit heißem Wasser auf 1 Liter auffüllen. Die Suppe kann je nach Bedarf mehrmals am Tag zu sich genommen werden. Man kann sie auch auf Vorrat herstellen und einfrieren.

Haltbarkeit: sofort verbrauchen oder einfrieren

Moro-Suppe

als bewährtes Hausmittel

Dieses Hausmittel wurde von Ernst Moro 1908 an der Heidelberger Kinderklinik entwickelt und erzielte gute Erfolge bei der Behandlung von Durchfall. Somit ist es nicht verwunderlich, dass dieses Rezept schon seit mehr als 100 Jahren weitergegeben wird. Wichtig ist dabei, dass die Karotten lange gekocht werden. Dadurch entstehen winzige Zuckermoleküle, an welchen die Bakterien andocken und so vom Körper ausgeschieden werden können.

Man benötigt:

- 500 g Karotten
- 3 g Salz (etwa 1 gestrichener TL)
- 1 l Wasser

Kartoffel

(Solanum tuberosum)

Die Kartoffel, in Österreich Erdapfel, ist eine aus unserem Alltag nicht wegzudenkende Nutzpflanze aus der Familie der Nachtschattengewächse. Dadurch ist sie mit der Tomate verwandt, aber nicht mit der Süßkartoffel, auch wenn der Name etwas anderes vermuten lässt. Die Pflanze ist erst im 16. Jahrhundert durch die Entdeckung Amerikas nach Europa gekommen. Zu Beginn stand man ihr eher skeptisch gegenüber und pflanzte sie mehr wegen ihrer schönen Blüten. Erst später erkannte man, dass die Knollen unter der Erde die wahren Schätze sind. Friedrich der Große sah in der Kartoffel ein Grundnahrungsmittel für seine Soldaten und ließ sie im 18. Jahrhundert großflächig anbauen.

Die wertvolle Knolle enthält viel Stärke, Ballaststoffe, Eiweiß, Vitamine, Mineralstoffe, Spurenelemente und zahlreiche Vitamine. Dabei ist sie kalorienarm und enthält etwa

80 % Wasser und etwa 80 Kalorien pro 100 g. Erdäpfel gelten als leicht verdauliche Nahrung bei Kreislaufkrankheiten und Wasseransammlungen im Körper.

Doch Vorsicht: Alle grünen Teile der Knolle enthalten Solanin, ein Alkaloid, welches zu Übelkeit, Bauchschmerzen, Erbrechen und weiteren Nebenwirkungen führen kann. Daher sollte man Kartoffeln, die sich grün verfärbt haben, nicht verzehren oder die grünen Stellen wegschneiden, denn Solanin wird auch durch Kochen nicht abgebaut. Kartoffeln immer dunkel und möglichst kühl lagern.

Man benötigt:

- 2–3 frisch gekochte Kartoffeln
- 2 Baumwolltücher
- 1 Handtuch oder Wolltuch zum Fixieren

Kartoffelwickel

Gegen vielerlei Beschwerden

Als Wickel angewendet, sind warme Kartoffeln ein beliebtes und traditionelles Hausmittel. Die langanhaltende und feuchte Wärme tut dem Körper gut und wirkt durchblutungsfördernd.
Wird gerne verwendet bei:

- Verspannungen und Schmerzen im Nacken-, Schulter- und Wirbelsäulenbereich
- Halsschmerzen und Bronchitis
- Ohrenschmerzen, Nasennebenhöhlenentzündungen
- Harnwegsinfekten
- Bauchschmerzen, Menstruationsbeschwerden

Darauf verzichten sollte man bei Bluthochdruck, Fieber und Diabetes oder bei Säuglingen und Kleinkindern. Ist man sich nicht sicher, immer mit einem Arzt abklären.

So wird's gemacht:
Die frisch gekochten Erdäpfel sofort zwischen zwei Baumwolltüchern zerdrücken und kurz abkühlen lassen. Um eine Verbrennungsgefahr zu vermeiden, den Wickel zuerst am eigenen Unterarm testen. Danach das Kartoffelpaket auf die betroffene Stelle legen und mit einem zusätzlichen Wolltuch oder einem Handtuch fixieren. Den Wickel für etwa eine Stunde oben lassen, danach nachrasten.

Haltbarkeit: sofort verwenden

So wird's gemacht:
Kartoffeln und Äpfel schälen und reiben. Gemeinsam mit dem Apfelsaft, Rum, Zesten und Gewürzen in einen Topf geben und etwa 15 Minuten weichkochen. Anschließend fein pürieren, nochmals aufkochen und den Gelierzucker hinzugeben. Etwa 5 Minuten köcheln lassen, Gelierprobe machen und in vorher sterilisierte Gläser füllen.

Haltbarkeit: kühl und dunkel gelagert etwa 4–5 Monate

Kartoffelmarmelade

Die süße Seite der Knolle

Bei der Zubereitung von Kartoffeln sind der Fantasie keine Grenzen gesetzt. So ist es auch gar nicht verwunderlich, dass man die interessante Knolle gemeinsam mit Äpfeln auch auf süße Art zu einer Marmelade verarbeiten kann.

Man benötigt:

- 100 g festkochende Kartoffeln
- 150 g süßliche Äpfel
- 50 g Apfelsaft
- 25 g Rum
- Zesten einer Bio-Zitrone und einer Bio-Orange
- 1 TL Zimt
- 1/2 TL Nelkenpulver
- Mark einer Vanilleschote
- 150 g Gelierzucker 2:1

Man benötigt:

- frische Schalen von 2–3 rohen Kartoffeln
- 100 g Olivenöl
- 1 TL getrocknete Ringelblumenblüten
- 1 Tl getrocknete Kamillenblüten
- 10 g Bienenwachs
- 15 Tropfen Propolistinktur
- 10 Tropfen ätherisches Lavendelöl
- Alkohol zum Desinfizieren

Kartoffelbalsam

Natürliche Pflege

Ein einfaches Hausmittel, wenn man trockene und rissige Hände, Füße, Ellbogen oder andere pflegebedürftige Hautstellen hat: Neben den feuchtigkeitsspendenden Kartoffelschalen wirken die Kamillen- und Ringelblumenblüten wundheilend und beruhigend – eine pflegende Mischung für beanspruchte Haut.

So wird's gemacht:
Zunächst alle Arbeitsgeräte und Behälter desinfizieren. Anschließend die Kartoffelschalen in kleine Stücke schneiden und in ein feuerfestes Glas geben. Die Blüten ebenfalls hinzugeben und mit dem Öl übergießen. Im Wasserbad etwa eine Stunde lang bei niedriger Temperatur ausziehen lassen. Dabei darauf achten, dass es nicht zu heiß wird, damit die Stücke nicht frittieren. Anschließend abfiltern.
Danach das gewonnene Kartoffelöl gemeinsam mit dem Bienenwachs im Wasserbad schmelzen. Vom Herd nehmen und unter Rühren auf Handwärme abkühlen lassen. Anschließend die Propolistinktur und das Lavendelöl eintropfen und alles gut vermischen. In Tiegel abfüllen und erst verschließen, wenn der Kartoffelbalsam komplett abgekühlt ist.

Haltbarkeit: etwa 10–12 Monate

So wird's gemacht:
Kartoffel samt Schale reiben und mit den anderen Zutaten vermengen. Am besten alles pürieren und anschließend auf Gesicht und Dekolleté auftragen. Etwa 15 Minuten einwirken lassen, danach mit lauwarmem Wasser abwaschen.

Haltbarkeit: sofort verwenden

Kartoffelmaske

Für frische Haut

Es scheint, als ob die Kartoffel ein Tausendsassa wäre. Beliebt bei Groß und Klein ist sie und hat sogar in der Kosmetik ihren Platz. Durch ihre Inhaltsstoffe sorgt sie für viel Feuchtigkeit, beruhigt gestresste Haut und bringt Frische und einen rosigen Teint!

Man benötigt:

- 1 kleine rohe Kartoffel
- 1 TL Joghurt
- 1 Eigelb
- 1 TL Olivenöl
- 1 TL Honig

Große Klette *(Arctium lappa)*

Die Große Klette gehört zur Familie der Korbblütler und ist eine zweijährige Pflanze, die bis zu 150 cm hoch werden kann. Bekannt ist sie durch ihre mit Widerhaken bestückten Blütenstände, die bei Spaziergängen gerne an der Kleidung hängen bleiben. Ihr botanischer Name leitet sich vom griechischen *arctos* (= Bär) ab, da die zottige Behaarung der Blätter und auch die borstigen Früchte an ein Bärenfell erinnern. Man findet sie häufig an Wegrändern, Schuttplätzen oder auch auf Weiden.

Es wird hauptsächlich die Wurzel verwendet, die ätherisches Öl und auch große Mengen an Inulin enthält. Sie wurde aber wenig wissenschaftlich untersucht und ihre Wirkung beruht hauptsächlich auf Erfahrungswerten. Sie kann Bakterien hemmen, wirkt also antimikrobiell und lindert Entzündungen. In der Volksheilkunde gilt sie als blutreinigendes Mittel, das hilft, Giftstoffe zu mobilisieren und abzutransportieren. Auch bei Hautausschlägen, Ekzemen und unterstützend bei Neurodermitis und Schuppenflechte wird sie empfohlen. Äußerlich angewendet kann sie den Haarwuchs fördern.

Vorsicht: Hat man eine Allergie gegen Korbblütler, so sollte man auf die Anwendung mit der Klette verzichten.

Man benötigt:

- frische oder getrocknete Klettenwurzeln
- Mandelöl
- Alkohol zum Desinfizieren

Klettenwurzelöl

Für kräftige Haare

Seit jeher gilt die Klettenwurzel als Mittel der Wahl, um Haarwachstum zu fördern. Vermutlich geht das auf die Signaturenlehre zurück, da die Blütenköpfchen sehr behaart sind und man dies symbolisch auf die Kopfbehaarung des Menschen übertragen hat. Die Wurzel scheint die Durchblutung der Kopfhaut zu fördern, was sich auch positiv auf die Haare auswirkt.

So wird's gemacht:
Zunächst alle Arbeitsgeräte und Behälter desinfizieren. Klettenwurzel gründlich zerkleinern und bis zur Hälfte in ein verschließbares Glas füllen. Mit dem Mandelöl übergießen und etwa 3 bis 4 Wochen an einem hellen, aber nicht vollsonnigen Platz ziehen lassen. Danach abseihen und in Flaschen füllen. Mit dem Öl regelmäßig die Kopfhaut einmassieren, am besten über Nacht einwirken lassen, danach ausspülen.

Haltbarkeit: etwa 10–12 Monate

So wird's gemacht: Etwa 2 TL der Wurzel mit 250 ml kaltem Wasser ansetzen, 6 bis 7 Stunden ziehen lassen, danach kurz aufkochen, abseihen und trinken.

Haltbarkeit: getrocknete Wurzel etwa 1 Jahr

Klettenwurzeltee

Zum Entschlacken

Ein Tee aus Klettenwurzeln hilft den Stoffwechsel anzuregen. Er wird auch bei Neurodermitis und Schuppenflechte empfohlen. Möchte man ihn äußerlich auflegen, tränkt man eine Kompresse mit dem Tee und legt sie für etwa eine halbe Stunde auf die betroffene Stelle.

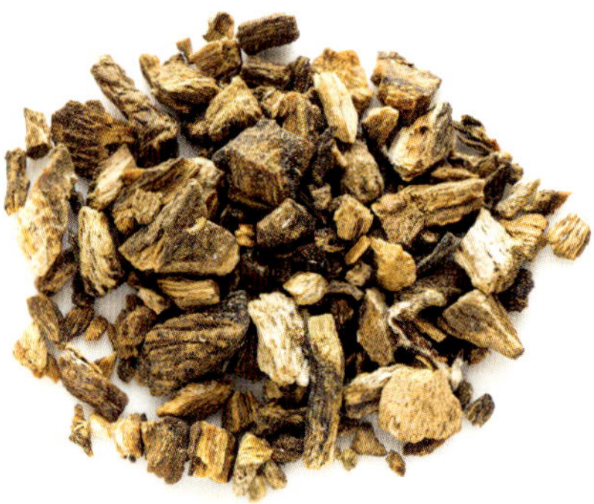

Man benötigt:

- getrocknete Klettenwurzel
- 250 ml Wasser

Knoblauch *(Allium sativum)*

Knoblauch zählt zu den Lauchgewächsen. Schaut man sich seinen Namen genauer an, so bedeutet er so viel wie „gespaltener Lauch". Umgangssprachlich findet man auch Bezeichnungen wie „Knobi", „Knofi", „Stinkwurz" oder „Knafloch". Er kommt ursprünglich aus den Steppengebieten Zentral- und Südasiens. Seine Kultivierung reicht schon mehr als 4 000 Jahre zurück. Als Gewürz- und Nahrungspflanze gelangte er über Ägypten und das Mittelmeer bis nach Europa. Bei den Griechen und Römern war das Lauchgewächs eine wichtige Pflanze, so gab es sogar eine eigene Berufsgruppe der Knoblauchhändler, die „alliarii". In Mitteleuropa kultivierten die Klöster den Knoblauch und so ist er seither als Heilpflanze bekannt.

Knoblauch hat einen sehr aromatischen Geschmack und wird in den verschiedensten Zubereitungen verwendet, um den Gerichten ein würziges Aroma zu verleihen. Nach dem

Genuss von viel Knoblauch leidet allerdings die Atemluft und verrät unseren Mitmenschen, was wir gegessen haben. Dies sollte aber nicht davor abschrecken, reichlich Knoblauch zu essen, denn er wirkt antibakteriell, antimykotisch, antioxidativ, kann Blutdruck und Cholesterin senken und hemmt Ablagerungen an den Blutgefäßwänden. Er kann als Erkältungsprophylaxe verwendet werden, aber auch bei Harnwegsinfekten, zur Darmsanierung, bei Blähungen oder bei Verdauungsstörungen. Sehr selten, meist nur bei einer Überdosierung, kann es zu allergischen Reaktionen, Kopfschmerzen oder Magen-Darm-Beschwerden kommen.

Man benötigt:

- 250 g Honig
- 120–150 g frischen Knoblauch

Fermentierter Knoblauch

Immunbooster aus der Küche

Honig und Knoblauch kennt man aus der Naturheilkunde als besonders wirksame Heilmittel. Gemeinsam ergeben sie einen immunstärkenden Leckerbissen – auch wenn man sich das Duo Knoblauch und Honig zunächst nicht vorstellen kann, so harmonieren und ergänzen sich die beiden prächtig.

So wird's gemacht:
Knoblauchzehen schälen und jene mit braunen Druckstellen aussortieren, danach in ein verschließbares Glas schichten. Anschließend mit dem Honig übergießen und das Glas verschließen. Da sich beim Fermentationsprozess Gase bilden können, das Glas immer wieder kurz öffnen. Der Honig wird im Laufe der Fermentation mit der Zeit flüssiger. Das Glas bei Zimmertemperatur stehen lassen und etwa 4 bis 6 Wochen oder noch länger fermentieren lassen. Je mehr Zeit man dem Gemisch gibt, desto besser schmeckt es. Die Knoblauchzehen werden sich nach und nach dunkler verfärben; sie schmecken fein mit frischem Brot, können aber zum Beispiel auch zum Aromatisieren von Saucen verwendet werden.

Haltbarkeit: mehrere Monate

Knoblauchöl

Aroma für Brot, Ciabatta & mehr

So wird's gemacht:
Knoblauchzehen schälen und zusammen mit dem Sonnenblumenöl kurz pürieren. Anschließend in einem Topf erwärmen, aber nicht zu stark. Etwa eine halbe Stunde ziehen lassen. Danach das Öl abseihen und mit dem Salz und dem Zitronensaft vermischen.

Haltbarkeit: kühl und dunkel gelagert etwa 3–4 Monate

Die einfachsten Dinge sind, wie schon gesagt, oft die besten, so ist es auch beim Knoblauchöl. Es verfeinert mit seinem aromatischen Geschmack viele Gerichte, es reicht aber auch ein gutes Stück Brot oder Ciabatta, das man in das Öl tunkt und einfach nur genießt.

Man benötigt:

- 10 Knoblauchzehen
- 250 ml Sonnenblumenöl
- 1/2 TL Salz
- 1 TL Zitronensaft

Man benötigt:

- 30 Knoblauchzehen
- 6 Bio-Zitronen
- kleines Stück Ingwer
- 1 EL Kurkumapulver
- Prise Pfeffer
- 1 l Wasser

Knoblauch-Elixier mit Zitrone

Verjüngung von innen

Das Knoblauch-Elixier mit Zitrone gilt in der Volksheilkunde als eine Art Verjüngungsmittel, das von innen reinigt. Es unterstützt Immunsystem und Leber und kann Entzündungen im Körper reduzieren. Das Elixier nimmt man am besten kurmäßig 2 bis 3 Wochen ein.

So wird's gemacht:
Knoblauch, Zitronen und Ingwer klein schneiden und mit Wasser, Pfeffer und Kurkuma in einen Topf geben. Alles kurz aufkochen, danach im Mixer so fein wie möglich pürieren. In Flaschen abfüllen und im Kühlschrank lagern. Täglich ein kleines Schnapsglas des Elixiers trinken.

Haltbarkeit: im Kühlschrank mehrere Wochen

So wird's gemacht:
Knoblauch, Zwiebel, Ingwer, Chilis, Orange und Zitrone klein schneiden und in ein Glas füllen. Gewürze und Honig hinzufügen und mit dem Apfelessig auffüllen. Das Glas verschließen und 2 bis 3 Wochen an einem hellen, aber nicht vollsonnigen Platz ziehen lassen. Danach abseihen und in Flaschen füllen. Mit Wasser verdünnt einnehmen oder zum Kochen verwenden.

Haltbarkeit: etwa 1 Jahr

Immunstärkender Fire Cider

Feurige Kraft aus der Natur

Der Fire Cider ist ein kräftiges Hausmittel, das vor allem im nordamerikanischen Raum bekannt ist. Es ist ein Auszug von verschiedensten Kräutern und Pflanzen in Essig. Den Namen hat er durch die kräftigen, teils „feurigen" Inhaltsstoffe wie Zwiebeln, Ingwer, Chilis und Knoblauch. Er wirkt immunstärkend – auch wenn man schon erkältet ist, hilft das alte Hausmittel. Es gibt viele verschiedene Fire-Cider-Rezepte und man kann natürlich jedes nach seinen eigenen Bedürfnissen und Geschmack abändern.

Man benötigt:

- 5 Knoblauchzehen
- 1 Zwiebel
- 3–4 cm großes Stück Ingwer
- 1–2 Chilis
- 1 TL Kurkumapulver
- 1 Bio-Orange
- 1 Bio-Zitrone
- 1 TL Nelken
- 2 Prisen Pfeffer
- 2 Zimtstangen
- 2 EL Honig
- 0,75 l Apfelessig

Kren oder Meerrettich

Die scharfe Wurzel hat es in sich und schon so manchem beim Reiben Tränen in die Augen getrieben. Aus der Küche ist sie nicht mehr wegzudenken: So wird die frisch geriebene Wurzel gerne zu Rindfleisch gereicht oder bereichert als würziger Senf verschiedene Speisen. Kren hat viele Namen wie Rachenputzer, Bauernsenf oder Scharfwurzel. Er wird auch „Penicillin der Bauern" genannt und soll laut Volksglauben ein Glücksbringer sein, denn ein Stück getrocknete Wurzel im Geldbeutel soll dafür sorgen, dass dieser das ganze Jahr über nie leer sein wird.
Der kultivierte Kren kann eine dicke Pfahlwurzel ausbilden, die bis zu 40 cm lang werden kann. Sie ist äußerlich leicht gelblich, das Innere ist weiß. Die Pflanze stammt ursprünglich aus Osteuropa und wurde von slawischen Völkern nach Mitteleuropa gebracht.

Kren schmeckt aber nicht nur in der Küche, er hat eine antibakterielle, antivirale, immunsteigernde, verdauungsfördernde und durchblutungsfördernde Wirkung. Daher wird er sehr gerne bei Harnwegsinfekten verwendet. Dabei ist die scharfe Wurzel zusammen mit der Kapuzinerkresse ein hervorragendes Duo. Aber auch bei Erkältungen und äußerlich bei leichten Muskelschmerzen findet der Kren seine Anwendung. Bei Verdauungsproblemen, nicht entzündlichen rheumatischen Beschwerden oder auch bei Leber- und Gallenerkrankungen wird er in der Volksmedizin eingesetzt. Dabei ist die Schärfe des Krens nicht zu unterschätzen, er kann äußerlich bei zu langer Einwirkung auf die Haut Irritationen hervorrufen. Auch innerlich eingenommen kann er zu Reizungen des Magen-Darm-Trakts oder der Nieren führen.

Man benötigt:

- 1–2 TL frisch geriebenen Kren
- Baumwolltuch
- Pflegesalbe oder -öl

Kren-Auflagen

Würziges Hilfsmittel

Ein einfaches Hausmittel, das bei vielerlei Beschwerden hilft, sind Kren-Auflagen. Sie können bei Kopfschmerzen, festsitzendem Schnupfen und Nasennebenhöhlenentzündungen verwendet werden. Dann legt man die Auflage in den Nacken. Bei einer Blasenentzündung kann die Auflage kurz auf den Unterbauch gelegt werden.

So wird's gemacht:
Den Kren frisch reiben, in ein Baumwolltuch einschlagen und auflegen. Da die darin enthaltenen Senföle die Haut reizen können, nie direkt anwenden. Die Kren-Auflagen bleiben auch nur kurz, etwa 3 bis 4 Minuten, auf der Haut. Sinnvoll ist es, sie danach mit einer pflegenden Salbe oder einem Pflegeöl einzureiben. Pro Tag nicht mehr als eine Anwendung, nicht für Kinder geeignet.

Haltbarkeit: sofort verwenden

So wird's gemacht:
Den Kren frisch reiben und mit dem Honig vermischen. In einem verschließbaren Glas über Nacht stehen lassen. Danach entweder den Honig abseihen oder, falls man es verträgt, zusammen mit dem Kren einnehmen. Dazu einen halben bis einen ganzen Teelöffel etwa dreimal am Tag einnehmen.

Haltbarkeit: etwa 1 Woche im Kühlschrank

Kren-Honig

Würziger Begleiter im Winter

Erkältungen lassen sich in der kalten Jahreszeit oft nicht vermeiden. Auch hier kann der Kren helfen. Entweder schon zu Beginn der Winterzeit als Immunstärkung oder eben bei Erkältungen, Husten und Schnupfen. Da er sehr intensiv ist, ist dieses Hausmittel nicht für Kinder geeignet.

Man benötigt:

- 2 EL frisch geriebenen Kren
- 4 EL Honig

Man benötigt:

- 100 ml Alkohol 70–80 Vol.-%
- 1 Handvoll frische Kapuzinerkresse-Blüten und/oder Blätter
- 2 EL frisch geriebenen Kren

Kren-Kapuzinerkresse-Tinktur

Natürliche Antibiotika-Kraft

Kren und Kapuzinerkresse enthalten beide Senföle und gelten durch ihre Inhaltsstoffe als natürliche Antibiotika. Die Senföle werden über die Harn- und Atemwege aus unserem Körper ausgeschieden und entfalten genau dort über Stunden ihre antibakterielle Wirkung. Sie haben zwar nicht so eine starke Kraft wie Penicillin, aber sie greifen auch nicht unseren Darm an. Besonders bei Atem- und Harnwegsinfektionen hat das Duo seinen Einsatz, aber auch bei grippalen Infekten.

So wird's gemacht:
Kapuzinerkresse zerkleinern und gemeinsam mit dem frisch geriebenen Kren in ein verschließbares Glas geben. Mit dem Alkohol übergießen und etwa 3 bis 4 Wochen an einem hellen, aber nicht sonnigen Platz ziehen lassen. Zwischendurch immer mal wieder schütteln. Danach abseihen und in Tropfflaschen füllen. Bei Bedarf dreimal täglich 15 Tropfen der Tinktur verdünnt mit etwas Wasser einnehmen.

Haltbarkeit: mindestens 1 Jahr

So wird's gemacht:
Die Apfelstücke würfelig schneiden und gemeinsam mit dem frisch gepressten Orangensaft, Apfelessig und Wasser in einen Topf geben. Apfelstücke darin weichkochen. In der Zwischenzeit Senf- und Pimentkörner in einer Mühle fein mahlen. Ist der Apfel weich und die Flüssigkeit gut aufgesogen oder verdampft, Topf vom Herd nehmen und den Inhalt mit einem Pürierstab mixen. Die Masse abkühlen lassen. Danach den gemahlenen Senf und das Piment, Kren, Orangenschalenabrieb und Honig hinzugeben und alles nochmal mixen, mit Salz und Pfeffer abschmecken. Den Senf lässt man noch einen Tag im Kühlschrank durchziehen, danach kann er verzehrt werden.

Haltbarkeit: 2 Monate im Kühlschrank

Apfel-Kren-Senf

Würzig-fruchtiger Gaumenschmaus

Wenn man Kräuter und Wurzeln in die Ernährung einbaut, tut man so viel Gutes für seine Gesundheit. Und das Schöne ist, es gibt so viele schmackhafte Rezepte, die wirksame Helferlein wie beispielsweise den Kren beinhalten. Dieser Apfel-Kren-Senf schmeckt hervorragend fruchtig, aber auch würzig-scharf!

Man benötigt:

- 1–2 EL frisch geriebenen Kren
- 150 g geschälte Apfelstücke
- Saft und Schale einer halben Bio-Orange
- 20 g Apfelessig
- 20 g Wasser
- 2 TL Senfkörner
- 2 Pimentkörner
- 1 EL Honig oder Ahornsirup
- Salz, Pfeffer

Man benötigt:

- 150 g weiche Butter
- 2–3 EL frisch geriebenen Kren
- 1 kleine Zwiebel
- etwas Salz
- frische Petersilie

Krenbutter

Aromatischer Aufstrich

Die einfachsten Dinge sind oft die besten. Für die würzig-aromatische Krenbutter bedarf es nicht vieler Zutaten, sie verfeinert aber jede Jause und schmeckt auf frischem Brot verboten gut!

So wird's gemacht:
Zwiebel in feine Würfel, die Petersilie ebenso fein schneiden. Die weiche Butter mit einem Messer zerdrücken und Kren, Zwiebel und einen Teil der Petersilie untermischen. Mit dem Salz abschmecken und in eine kleine Schüssel geben oder zu einer Rolle formen. Im Kühlschrank aufbewahren und vor dem Servieren mit der restlichen Petersilie garnieren.

Haltbarkeit: im Kühlschrank mehrere Tage

So wird's gemacht:
Kren frisch reiben, Fenchelfrüchte im Mörser anstoßen und beides in ein verschließbares Glas geben. Honig hinzufügen und alles mit dem Weißwein übergießen. Etwa 14 Tage an einem kühlen Platz ziehen lassen, danach abseihen und in eine Flasche füllen. Bei Bedarf 1 EL davon einnehmen.

Haltbarkeit: kühl und dunkel gelagert etwa ein halbes Jahr

Kren-Wein

Reine Verdauungsfreude

Für eine bessere Verdauung tut ein Schlückchen des aromatischen Weins nach dem Essen wahre Wunder. Gemeinsam mit dem Fenchel wird daraus ein besonderer Heilwein.

Man benötigt:

- 1–2 EL frisch geriebenen Kren
- 1 EL getrocknete Fenchelfrüchte
- 0,5 l Weißwein
- 1 EL Honig

Man benötigt:

- 1 EL frisch geriebenen Kren
- 100 ml Olivenöl
- 50 ml Johanniskrautöl (siehe S. 240)
- Alkohol zum Desinfizieren

Muskelöl mit Kren

Scharf und durchblutungsfördernd

Muskelverspannungen sind äußerst unangenehm. Meist hilft Wärme gut, um den Schmerz abklingen zu lassen. Auch hier kann der Kren helfen, gemeinsam mit dem Johanniskrautöl entsteht ein durchblutungsförderndes Muskelöl. Dabei die Verträglichkeit vorher testen und nicht im Gesicht anwenden.

So wird's gemacht:
Zunächst alle Arbeitsgeräte und Behälter desinfizieren. Den Kren gemeinsam mit dem Olivenöl in ein feuerfestes Glas geben und im Wasserbad etwa eine Stunde bei mittlerer Temperatur ziehen lassen. Anschließend abseihen und abkühlen lassen.
Danach mit dem Johanniskrautöl vermischen und in eine Flasche füllen. Bei Bedarf die betroffene Stelle mit ein wenig Öl einreiben.

Haltbarkeit: etwa 10–12 Monate

Kurkuma

(Curcuma longa)

Kurkuma zählt zu den Ingwergewächsen, sein Gattungsname kommt vom arabischen *kurkum*, was so viel wie Safran bedeutet und auf die gelbe Färbung der beiden Pflanzen hindeutet. In der Curry-Gewürzmischung, die aus vielen verschiedenen Gewürzen bestehen kann, darf Kurkuma auf keinen Fall fehlen und verleiht ihr auch die Farbe.

Kurkuma hat viele positive Eigenschaften, so regt er die Gallenproduktion an, aber auch die Entleerung der Gallenblase. Er schützt die Leber und reguliert die Blutfette. Zudem wirkt er appetitanregend, entblähend, entzündungshemmend und antioxidativ. Es gibt also sehr viele Gründe, um öfter zu Kurkuma zu greifen.

Interessant ist, dass das darin enthaltene Curcumin viel besser aufgenommen werden kann, wenn sich etwas Fett in der Zubereitung befindet. So gibt es die bekannte Goldene Milch oder den „Kurkuma-Latte", der die Aufnahme besser fördert als nur Tee. Noch etwas: Durch die Zugabe von schwarzem Pfeffer wird die Resorption von Curcumin zweitausendfach erhöht!

Kurkuma sollte man nicht verwenden bei Gallensteinleiden oder einem Verschluss der Gallenwege. Ein zu häufiger Genuss kann bei manchen Menschen zu Magen-Darm-Beschwerden oder Sodbrennen führen.

Man benötigt:

- 300 g frischen Kurkuma
- 50 g frischen Ingwer
- 60 g Kokosöl
- 30 g Honig
- 3 g schwarzen Pfeffer
- 3 TL Zimt
- 1/2 TL Muskatnuss
- 3 g Kardamom
- 1/2 TL Salz
- 1 TL Zitronensaft

Kurkuma-Paste

„Goldene“ Würze

Kurkuma hat so viele positive Eigenschaften für unseren Körper, nur eines mag ich an der schönen orangen Wurzel so gar nicht – sie färbt beim Verarbeiten die Finger kräftig gelb! Um dies zu vermeiden, am besten Handschuhe tragen. Dafür schmeckt die würzige Kurkuma-Paste herrlich aromatisch und kann für Currys, Saucen oder auch für eine Kurkuma-Milch verwendet werden.

So wird's gemacht:
Kurkuma und Ingwer grob zerkleinern und mit den restlichen Zutaten in einen Mixer geben. Alles fein mixen, bis eine Paste entsteht, in Gläser abfüllen.

Haltbarkeit: im Kühlschrank 2–3 Monate

So wird's gemacht:
Alle Zutaten in einer Schüssel gut vermengen und anschließend in ein verschließbares Glas geben. Für ein Glas Goldene Milch etwa 250 ml (Pflanzen-) Milch erwärmen und je nach Geschmack 1 bis 2 TL des Pulvers untermischen und etwa 3 bis 4 Minuten mitköcheln. Man könnte auch noch 1 TL Kokosöl und für etwas Süße Honig beimischen.

Haltbarkeit: etwa 1 Jahr

Kurkuma-Milch

Wärme für Körper und Seele

In den letzten Jahren ist die Goldene Milch sehr bekannt geworden und das wohl zurecht, denn sie schmeckt unglaublich fein und tut unserem Körper einfach gut. Man kann für die Zubereitung die schon beschriebene Kurkuma-Paste verwenden oder aber auch ein trockenes Gewürz selbst mischen.

Man benötigt (jeweils getrocknet und pulverisiert):

- 6 EL Kurkuma
- 3 EL Zimt
- 3 EL Ingwer
- 1 TL Muskatnuss
- 1 TL Kardamom
- 1/2 TL schwarzer Pfeffer

Man benötigt:

- 50 g frischen Kurkuma
- 30 g frischen Ingwer
- 2 Prisen schwarzer Pfeffer
- 300 g Honig
- 100 g Apfelessig
- 1 EL Kokosöl

Kurkuma-Ingwer-Oxymel

Süße Schärfe

Ein Oxymel ist eine süßsaure Zubereitung aus Honig und (Apfel-)Essig. Seine Geschichte lässt sich schon über 2 500 Jahre zurückverfolgen. Es erfreut sich in der letzten Zeit immer größerer Beliebtheit, denn es schmeckt gut, ist gesund und lässt sich auch mit Kräuter und Gewürzen kombinieren.

So wird's gemacht:
Kurkuma und Ingwer grob zerkleinern und mit den restlichen Zutaten in einen Mixer geben. Etwa 4 bis 5 Minuten auf höchster Stufe mixen, danach durch ein Sieb abseihen und in eine Flasche füllen.
Etwa 1 EL Oxymel in ein Glas lauwarmes Wasser geben und schluckweise genießen.

Haltbarkeit: 4–5 Monate

Löwenzahn *(Taraxacum officinale)*

Eine Pflanze, die fast jeder kennt, aber die nicht überall beliebt ist. So gräbt sie sich in jede Ritze und fühlt sich im Garten und Rasen genauso wohl wie auf der Wiese. Hartnäckig erscheint er, der Löwenzahn, gut verfügbar ist er und dennoch wird er viel zu wenig genutzt. Denn seine Wurzel enthält viele Bitterstoffe, die uns besonders guttun!

Um von diesen Bitterstoffen zu profitieren, gräbt man seine Wurzel am besten im Frühjahr aus, denn dann ist ihr Bitterstoffgehalt am höchsten. Im Herbst eignet sich die Wurzel sehr gut für Löwenzahnkaffee, kann aber auch für Bitterstoff-Zubereitungen verwendet werden.

Die Wurzel des Löwenzahns wirkt appetitanregend, verdauungsfördernd, galle- und harntreibend sowie stoffwechselanregend. Sie wird daher gerne verwendet bei Störungen des Gallenflusses, zur Durchspülung der Harnwege oder bei Appetitlosigkeit, aber auch zum Entgiften und Ausleiten. Sie unterstützt zudem bei rheumatischen Beschwerden und Gicht.

Leidet man an einer Korbblütlerallergie, sollte man den Löwenzahn besser meiden. Auch bei Ödemen infolge von verminderter Herz- oder Nierenfunktion sollte man mit dem Löwenzahn vorsichtig umgehen.

Man benötigt:

- Löwenzahnwurzeln
- Wasser

Löwenzahnkaffee

Koffeinfreie Alternative

Ein Kaffee aus Löwenzahnwurzeln? Das ist nichts Neues, denn früher, als Kaffee noch sehr teuer und kostbar war und ihn sich nicht jeder leisten konnte, röstete man Wurzeln oder auch Getreide und stellte daraus einen Ersatzkaffee vor. „Muckefuck" nannte man ihn, vermutlich vom französischen *Mocca faux*, was so viel wie „falscher Kaffee" bedeutet. Der große Vorteil am Löwenzahnkaffee, der geröstet sehr fein malzig und nussig schmeckt: Er enthält kein Koffein und kann regional hergestellt werden.

So wird's gemacht:
Frische Löwenzahnwurzeln in Scheiben schneiden und trocknen lassen. Danach in einer Pfanne auf beiden Seiten anrösten, abkühlen lassen und in einer Kaffeemühle fein mahlen.
Für eine Tasse Löwenzahnkaffee 1 TL des Wurzelpulvers mit heißem Wasser aufgießen. Entweder zusammen mit dem Pulver trinken oder durch einen Kaffeefilter abseihen.

Haltbarkeit: etwa 1 Jahr

So wird's gemacht:
Die Kräuter in einer Kaffeemühle fein mahlen. Anschließend mit dem Salz vermischen und in ein Glas abfüllen.

Haltbarkeit: mehrere Jahre

Bittersalz

Power für den Stoffwechsel

Man möchte fast sagen, dass bittere Lebensmittel schon beinahe verschwunden waren. Seit einiger Zeit wird jedoch wieder darauf aufmerksam gemacht, wie wichtig es ist, dass wir auch Bitterstoffe zu uns nehmen, da sie stoffwechsel- und verdauungsanregend sind. Als netten Nebeneffekt reduzieren sie auch den Heißhunger auf Süßigkeiten.

Man benötigt:

- 15 g getrocknete Löwenzahnwurzeln
- 5 g getrocknete Löwenzahnblätter
- 10 g getrocknete Schafgarbenblätter
- 5 g getrocknete Brennnesselblätter
- 1 TL Fenchel
- 70 g Steinsalz

Man benötigt:

- 200 g frisches (Quell-)Wasser
- 60 g Steinsalz + 1 TL Steinsalz
- 1–2 frische Löwenzahnwurzeln samt Blättern
- 1 EL Apfelessig

Löwenzahn-Sole

Reich an Bitterstoffen

Eine Sole ist eine wunderbare Alternative zu einer alkoholischen Tinktur und besteht nur aus Salz und Wasser. Die Bitterstoffe der Löwenzahnwurzel haben entgiftende und reinigende Eigenschaften und sorgen nebenbei auch dafür, dass körperliche und seelische Stimmungslagen ausgeglichen werden.

So wird's gemacht:
Wasser und 60 g Salz mischen und über Nacht stehen lassen. Die Löwenzahnwurzel gründlich reinigen und trockentupfen. Blätter und Wurzel klein schneiden und in ein verschließbares Glas füllen. Danach mit der Sole und dem Essig übergießen. Den zusätzlichen Teelöffel Salz hinzugeben.
Glas verschließen und etwa 3 Wochen an einem hellen, aber nicht vollsonnigen Platz ziehen lassen. Zwischendurch immer wieder schütteln und darauf achten, dass alle Pflanzenteile mit der Sole bedeckt sind. Anschließend abseihen und in Tropfflaschen füllen.

Die Sole kann kurmäßig für etwa 3 Wochen täglich eingenommen werden. Dazu 10 bis 15 Tropfen der Sole in 500 ml Wasser oder Kräutertee geben und trinken.

Haltbarkeit: etwa ein halbes Jahr

So wird's gemacht:
Die Löwenzahnwurzeln gut säubern und klein schneiden, in ein verschließbares Glas geben. Orangenschalen ebenso gründlich zerkleinern und zu den Wurzeln hinzufügen. Die Fenchelfrüchte im Mörser anstoßen und zur Mischung geben. Mit dem Alkohol auffüllen und verschließen. An einem hellen, aber nicht vollsonnigen Platz mindestens 3 Wochen ziehen lassen, anschließend abseihen und in Tropfflaschen füllen. Die Bittertropfen können verdünnt mit Wasser eingenommen werden. Ein kleines Likörgläschen schmeckt aber auch als Aperitif sehr fein!

Haltbarkeit: mindestens 1 Jahr

Bittertropfen mit Löwenzahn

Für mehr Lebensfreude

Durch das Bittere in Lebensmitteln erhöht unser Körper die Speichelproduktion, dadurch wird die Arbeit von Leber, Galle und auch der Bauchspeicheldrüse angeregt und eine optimale Fettverdauung ermöglicht. Bitterstoffe regen auch die Tätigkeit des Darms an, und gerade ein gesunder Darm ist so wichtig für das Immunsystem! Und geht es unserem Darm gut, geht es auch uns gut, wir fühlen uns viel positiver und haben eher eine gute Laune!

Man benötigt:

- 2–3 frische Löwenzahnwurzeln
- Schale von 2 Bio-Orangen
- 2 EL Fenchelfrüchte
- 400 ml Alkohol 40 Vol.-%

Man benötigt:

- 2 Teile Löwenzahnwurzeln
- 1 Teil Engelwurz-Wurzel
- 1/2 Teil Rosmarinnadeln
- 1/2 Teil Löwenzahnblüten
- 1/2 Teil Goldmelissenblüten
- 1 Teil Fichtenharz

Räuchermischung

Für positive Energien und klare Gedanken

So wird's gemacht:
Alle Zutaten im Mörser leicht zerkleinern und anstoßen. Anschließend in einer Schüssel gut vermengen und in Gläser füllen. Über Räucherkohle oder einem Stövchen räuchern und genießen.

Haltbarkeit: mindestens 1 Jahr

Die Löwenzahnwurzel eignet sich auch hervorragend zum Räuchern und kann eine aufhellende und entspannende Wirkung hervorrufen. Sie vermag es, die Energien eines Raumes zu reinigen und eine klare Atmosphäre zu schaffen. Daher wird die Wurzel auch gerne bei Meditationen verwendet. Die Räucherung bringt wieder Kraft und Energie und sorgt für positive Gedanken.

So wird's gemacht:
Bei den Kräutern können sowohl frische als auch getrocknete Pflanzen verwendet werden.
Alle Kräuter gut zerkleinern, Fenchelfrüchte im Mörser zerstoßen und anschließend alles in ein verschließbares Gefäß füllen.
Mit dem Alkohol übergießen und verschließen. An einem hellen, aber nicht vollsonnigen Platz etwa 4 Wochen ziehen lassen. Danach abseihen und in Flaschen füllen.
Bei Verdauungsstörungen, Völlegefühl oder Appetitlosigkeit ein kleines Likörglas einnehmen.

Haltbarkeit: mehrere Jahre

Magenbitter

Für eine gesunde Verdauung

Früher sagte man: „Was bitter im Mund, ist innerlich gesund!" Man wusste, dass Bitterstoffe die Magensäfte anregen und uns guttun. Nicht umsonst gibt es so viele Bitterschnäpse, die unseren Verdauungstrakt ankurbeln sollen. Neben den Bitterstoffen kann man auch aromatische Kräuter und Gewürze zum Magenbitter hinzufügen.

Man benötigt:

- 5 Löwenzahnwurzeln samt Blättern
- 5 EL Schafgarben-blätter und -blüten
- 5 EL Minze
- 5 EL Zitronenmelisse
- 2 TL Fenchelfrüchte
- 3 EL Hopfen
- 1 EL Beifuß
- 50 g Honig
- 1 l Alkohol 40 Vol.-%

Man benötigt:

- 3 EL getrocknete Rosenwurz-Wurzeln
- 2 EL getrocknete Rosenblüten
- 1 EL getrocknete Melisse
- 1 EL Honig
- 150 ml Alkohol 80 Vol.-%
- 50 ml Rum

Rosenwurz-Tonikum

Stärkung für stressige Zeiten

Dieses Tonikum hilft, mit herausfordernden Zeiten besser umzugehen. Die Rosenwurz wird mit einem hochprozentigen Alkohol angesetzt, um die Wirkstoffe aus der Wurzel besser lösen zu können. Nach dem Abseihen am besten mit Wasser verdünnen, damit die Einnahme des Tonikums angenehmer ist.

So wird's gemacht:
Wurzeln und Kräuter im Mörser anstoßen und in ein verschließbares Glas füllen, Honig hinzugeben und mit dem Alkohol übergießen.
An einem hellen, aber nicht vollsonnigen Platz etwa 3 Wochen ziehen lassen, anschließend abseihen und in Tropfflaschen füllen.
Bei Bedarf 10 Tropfen zweimal täglich einnehmen.

Haltbarkeit: mindestens 1 Jahr

So wird's gemacht:
Alle Kräuter-Zutaten im Mörser oder in der Kaffeemühle fein mahlen. Durch ein Sieb seihen, sodass wirklich nur ein feines Pulver zurückbleibt. Danach das Pulver mit dem Honig zu einer Paste vermischen. Die Menge des Honigs kann noch angepasst werden, so dass eine homogene Paste entsteht.

Das Electuarium kann löffelweise eingenommen werden oder auch in einen lauwarmen Tee eingerührt werden.

Haltbarkeit: mehrere Monate

Rosenwurz-Electuarium

Süßer Genuss für mehr Widerstandskraft

Ein Electuarium ist eine Mischung aus Honig und Kräuterpulver. Manchmal findet man auch die Bezeichnung „Latwerge“ dafür, obwohl dies häufiger für eingekochte Fruchtmuse verwendet wird. Auf jeden Fall ist ein Electuarium eine besonders köstliche Form, um Kräuter oder Gewürze zu sich zu nehmen. Der bittere Geschmack der Rosenwurz wird durch den Honig etwas abgeschwächt und gemeinsam mit dem Kardamom entsteht ein feines Hausmittel.

Man benötigtl:

- 1 EL getrocknete Rosenwurz-Wurzeln
- 1 EL getrocknete Rosenblätter
- 1/2 TL Kardamom
- 4–5 EL Honig

Rote Rübe oder Rote Bete *(Beta vulgaris)*

Die Rote Rübe zählt zu den Fuchsschwanzgewächsen und gesellt sich zu Mangold, Zucker- und Futterrüben als Verwandtschaft. In einigen Teilen Österreichs wird sie Rohne oder Rahne genannt, während in Deutschland der Name Rote Bete und in der Schweiz Rande geläufig ist. Ursprünglich stammt sie aus dem östlichen Mittelmeerraum und wurde offenbar schon bei den antiken Griechen serviert. Die Römer brachten sie über die Alpen zu uns. Damals legte man aber eher Wert auf die zarten Blätter als auf die rote Knolle. Erst später erkannte man den Wert der Pflanze unter der Erde.

Das vitaminreiche Armeleute-Essen kam früher oft auf den Speiseplan, da die Rote Bete auch auf kargen Böden gedeiht und sich einfach über den Winter lagern lässt. Rote Rüben bestehen bis zu 90 Prozent aus Wasser und sind daher kalorienarm. Ihr Reichtum an Inhaltsstoffen wie Kalzium, Phosphor, Kalium, Magnesium und Eisen sowie an Vitaminen der B-Gruppe, Vitamin C und Folsäure ist bemerkenswert.

Rot färbt sie der Farbstoff Betanin, der auch in der Lebensmittelindustrie als Naturfarbstoff Anwendung findet. Kulinarisch ist die Rübe vom Speiseplan nicht wegzudenken, sie schmeckt gekocht oder roh in Salaten oder als warme Beilage zu Fleisch, Fisch oder in Eintöpfen.

Schon Paracelsus schätzte die Rübe und verordnete ihren roten Saft bei Blutkrankheiten. Rote Rüben können helfen, den Blutdruck zu senken, den Körper zu entgiften und das Immunsystem zu stärken. Sie enthalten aber auch Oxalsäure, die vermehrt in den Blättern vorkommt. Menschen, die zur Bildung von Harnsteinen neigen, sollten Rote Rüben deshalb nur in Maßen essen, da die Oxalsäure dies begünstigen kann.

Auch Nitrat kann die Rote Rübe speichern, der Gehalt hängt dabei stark von der Düngung ab. Daher ist es sehr empfehlenswert, Rüben aus Bio-Anbau zu kaufen. Pflanzt man die Rübe zu Hause an, dann ist es ratsam, sie am frühen Nachmittag zu ernten, da dann der Nitratgehalt geringer ist als am Morgen.

Man benötigt:

- 1 rohe Rote Rübe
- 2–3 EL Honig
- etwas Quendel oder Thymian (frisch oder getrocknet)

Rote-Rüben-Hustensaft

Rot, lecker, heilsam

Auch aus den Roten Rüben kann man einen sehr schmackhaften Hustensaft selber machen. Besonders, wenn man jenen aus Zwiebeln oder Schwarzem Rettich nicht so gerne mag, ist der Saft aus der Roten Rübe eine gute Alternative.

So wird's gemacht:
Den oberen Teil der Rübe abschneiden und sie aushöhlen.
Ungefähr die Hälfte der ausgehöhlten Rübenstücke klein schneiden und zusammen mit dem Honig und Thymian wieder in die Rübe füllen. Diese in eine Schüssel stellen und über Nacht im Kühlschrank ziehen lassen. Danach abseihen und den Saft löffelweise einnehmen.

Nicht für Kinder unter 1 Jahr geeignet wegen des Honigs. Für Kleinkinder den Thymian bzw. Quendel weglassen.

Haltbarkeit: im Kühlschrank: 1 Woche

So wird's gemacht:
Rote Rüben, Knoblauch und Zwiebel in feine Würfel schneiden. In einem Topf Öl und Butterschmalz erhitzen und zuerst die Zwiebeln goldbraun rösten, mit dem TL Zucker karamellisieren.
Anschließend Knoblauch und Rüben hinzugeben und 2 bis 3 Minuten dünsten lassen.
Orangensaft und etwas Orangenabrieb dazugeben und mit Salz und Pfeffer würzen. Die Menge einkochen lassen, bis der Saft fast verdampft ist. Vom Herd nehmen und mit einem Pürierstab fein mixen, abkühlen lassen. Erst dann Fetakäse und Kren untermischen und nochmal alles gut pürieren, mit Salz und Pfeffer abschmecken.

Haltbarkeit: einige Tage im Kühlschrank

Leckerer Aufstrich

Für Genießer

Viele der Wurzeln, Rüben und Knollen lassen sich auch kulinarisch verwerten. Die Rote Rübe wird beispielsweise gerne als Salat verwendet, aber auch als würziger Aufstrich schmeckt sie hervorragend und bringt Farbe auf den Tisch.

Man benötigt:

- 200 g vorgekochte Rote Rüben
- 2 Knoblauchzehen
- 1/2 Zwiebel
- 2 EL geriebenen Kren
- 1 TL Zucker
- je 1 EL Sonnenblumenöl & Butterschmalz
- 150 g Fetakäse
- 1 Bio-Orange, Saft und etwas Abrieb
- Salz und Pfeffer

Man benötigt:

- 1 kleine Rote Rübe
- Stein- oder Meersalz

Salzige Farbenkraft im Glas

Dass die Rote Rübe gut färben kann, merkt man schnell an den Händen, wenn man sie verarbeitet. Diese gesunde Färbekraft kann man sich zunutze machen und ein herrlich intensives Salz daraus herstellen. Es eignet sich hervorragend für Ofengemüse und ist ein wahrer Eyecatcher auf einem Butterbrot!

So wird's gemacht:
Die Rübe schälen und in Scheiben schneiden. Am besten im Dörrautomat bei etwa 40 Grad trocknen. Dabei sollten die Scheiben noch etwas feucht bleiben, so bleibt der Farbstoff am besten erhalten. Die getrockneten Rote-Rüben-Scheiben abwiegen und mit der gleichen Menge an Salz in einen Mixer geben und fein mahlen. Das noch leicht feuchte Salz auf einen Teller aufstreichen und trocknen lassen. Nach der Trocknungszeit ist das Salz meist klumpig, daher nochmals im Mixer mahlen und anschließend in Gläser füllen.

Haltbarkeit: mehrere Jahre

So wird's gemacht:
Banane und Apfel grob zerkleinern und mit dem Orangensaft in einen Mixer geben. Die Wurzelenden der Roten Rübe abschneiden, grob zerkleinern und ebenso hinzufügen. Mit dem Wasser und der Pflanzenmilch kräftig mixen. Am besten funktioniert das mit einem Hochleistungsmixer. Ansonsten den Smoothie durch ein Sieb seihen, damit grobe Stücke ausgefiltert werden. In ein Glas füllen und das Leinöl unterrühren. Genießen.

Haltbarkeit: sofort verbrauchen

Red Velvet Smoothie

Auch als stärkender Smoothie macht sich die Rote Bete beliebt. Gemeinsam mit Früchten und etwas Pflanzenmilch wird daraus ein Vitalsaft, der unsere Zellen stärkt. Denn die Rote Rübe enthält Flavonoide, die unsere Zellen stärken.

Man benötigt:

- 1 Banane
- 1 kleiner Apfel
- Saft von 1 Orange
- etwa 100 g rohe Rote Rübe
- 100 ml Wasser
- 50 ml Pflanzenmilch
- 1/2 TL Leinöl

Man benötigt:

- 1 EL Sheabutter
- 1 EL Mandelöl
- 1 TL pulverisierte Rote Rübe
- Alkohol zum Desinfizieren

Schönes Rouge

Für zauberhafte Wangen

Die getrocknete und pulverisierte Rote Rübe eignet sich in der Naturkosmetik sehr gut, um etwas Farbe reinzubringen. Das sanfte Rouge zaubert sie auf die Wangen, kann aber genauso als Lippenpflege verwendet werden.

So wird's gemacht:
Zunächst alle Arbeitsgeräte und Behälter desinfizieren. Sheabutter und Mandelöl in einem feuerfesten Glas im Wasserbad erwärmen und schmelzen lassen. Vom Herd nehmen und das Rote-Rüben-Pulver langsam einrieseln lassen und gut verrühren, bis es sich gut mit Öl bzw. Butter verbunden hat. Danach in kleine Tiegelchen abfüllen.

Haltbarkeit: etwa ein halbes Jahr

Sellerie

(Apium graveolens var. rapaceum)

Der Knollensellerie zählt zur Familie der Doldenblütler und wird auch Wurzelsellerie oder Zeller genannt. Durch seine gute Lagerfähigkeit ist er meist ganzjährig erhältlich. Er kann bis in den November hinein frisch vom Feld geerntet werden und zählt zu den klassischen Wintergemüsen. Die rundliche bis rübenförmige Wurzel kann bis zu 20 Zentimeter breit und bis zu einem Kilogramm schwer werden. Auch das Blattwerk ist sehr aromatisch und kann ebenso zum Würzen verwendet werden. Bekannt wurde der Sellerie in Europa erst im frühen Mittelalter, bis zum 18. Jahrhundert wurde er nur in Hof- und Klostergärten als Arzneipflanze kultiviert.

Mit nur etwa 19 kcal auf 100 g ist der Knollensellerie ein wahres Leichtgewicht, was den Nährwert angeht. Dabei enthält er Vitamin C, Vitamin K und auch Vitamine der

B-Gruppe sowie Folsäure, Ballaststoffe, Kalium, Eisen und Kalzium.

Knollensellerie enthält Apigenin, einen Pflanzenstoff, der entzündungshemmend und antioxidativ wirkt. Er soll bei Arthritis und Gicht helfen. Die vielen Ballaststoffe im Sellerie regen die Verdauung an, die ätherischen Öle und Bitterstoffe können einen gereizten Magen beruhigen und leichte Magenschmerzen lindern.

Er wirkt sehr harntreibend und entwässernd – wer Probleme mit der Niere hat, sollte ihn nur in geringeren Mengen zu sich nehmen.

Man benötigt:

- 1 Knollensellerie mit Grün, falls vorhanden
- 3–4 Karotten
- 1 Porree
- 1 Bund Petersilie
- 1 Handvoll Liebstöckel
- 2 Zwiebeln
- 3–4 Knoblauchzehen

Selbstgemachte Suppenwürze

Schmeckt einfach besser

Aus verschiedenstem Wurzelgemüse kann man ein aromatisches Suppenpulver herstellen. Und in diesem darf der Knollensellerie nicht fehlen, da er mit seinem Geschmack für das richtige Aroma sorgt. Hat man einmal selbst Suppenpulver hergestellt, will man nie mehr wieder auf gekauftes zurückgreifen.

So wird's gemacht:
Das Gemüse möglichst klein reiben oder in einer Küchenmaschine raspeln. Kräuter ebenso zerkleinern und alles gut miteinander vermischen. Entweder in einem Dörrapparat mehrere Stunden trocknen lassen oder auf ein mit Backpapier ausgelegtes Backblech geben und bei spaltbreit geöffneter Ofentür und etwa 70 Grad mehrere Stunden trocknen lassen. Dabei das Gemüse immer wieder mal wenden und kontrollieren. Ist es gut getrocknet, entweder in Gläser abfüllen oder, falls man es etwas feiner haben möchte, nochmals im Mixer kurz zerkleinern und dann abfüllen. Wenn man möchte, kann man die Suppenwürze auch gleich salzen.

Haltbarkeit: etwa 1 Jahr

So wird's gemacht:
Knollensellerie schälen und in möglichst feine Scheiben schneiden. Öl in der Pfanne erhitzen und die Selleriestücke darin etwa 5 bis 6 Minuten braten, bis sie leicht golden sind.
Aus dem Öl nehmen und auf einem Küchenpapier abtropfen lassen. Salzen und sofort genießen.

Haltbarkeit: sofort verbrauchen

Selleriechips

Der perfekte Snack

Kartoffelchips kennt man – aber Selleriechips sind noch aromatischer und mal ein etwas anderer Snack. Frisch aus der Pfanne schmecken sie am besten, eventuell noch mit einem Sauerrahm-Dip – so sind sie ruckzuck vernascht.

Man benötigt:

- frischen Knollensellerie
- etwas Salz
- Öl zum Braten

Man benötigt:

- 100 g geschälten Sellerie
- etwas Selleriegrün
- 1 EL Pfefferkörner
- Schale einer Bio-Zitrone
- 150 g Natursalz

Würziges Selleriesalz

Sellerie bringt Würze in die Küche und so schmeckt er auch mit Salz vermischt herrlich fein. Wer im Sommer Kräutersalze herstellt, kann das Selleriegrün beimischen, da es ebenso einen intensiven und aromatischen Geschmack beisteuert.

So wird's gemacht:
Sellerieknolle und Blätter grob schneiden und gemeinsam mit den Pfefferkörnern, der Zitronenschale und dem Natursalz im Mixer zerkleinern. Auf ein mit Backpapier ausgelegtes Backblech legen und mehrere Tage lang gut durchtrocknen lassen. Anschließend nochmal im Mixer zerkleinern und in Gläser füllen.

Haltbarkeit: mehrere Jahre

Schwarzer Winterrettich

Es gibt viele ähnliche Rettichsorten, doch vergleicht man Sommerrettiche mit dem Schwarzen Winterrettich, so hat letzterer ein etwas festeres Fruchtfleisch und auch einen meist schärferen Geschmack. Er enthält viele Senföle, die auch gerne zu Heilzwecken verwendet werden. Das zu den Kreuzblütlern gehörende Gemüse war schon im alten Ägypten beliebt. Die Griechen und Römer brachten den Rettich in den mitteleuropäischen Raum, wo er in Klostergärten gepflanzt wurde. Da er sehr gut lagerfähig ist, wurde er gerne angebaut, da er besonders in den kargen Wintern Abwechslung und vor allem viele Vitamine auf den Speiseteller brachte.

Der scharfe Geschmack ist in der Küche besonders beliebt, entweder als Rohkostsalat oder hauchzart geschnitten auf einem Butterbrot mit etwas Salz. Auch eingelegt oder als Zutat in Suppen schmeckt er hervorragend.

Er enthält viel Vitamin C, Senföle, Magnesium und Kalium. So wirkt er antibakteriell, krampf- und schleimlösend. In vielen Haushalten ist der Hustensaft aus der schwarzen Knolle ein fixer Bestandteil der Hausapotheke. Außerdem fördert er die Verdauung und regt den Gallenfluss an.

Manche Menschen reagieren empfindlich auf den scharfen Rettich und bekommen Magenbeschwerden oder Sodbrennen. Wer an Gallensteinen leidet, sollte auf die gallenflussfördernde Pflanze eher verzichten.

Man benötigt:

- 1 frische Rettich-Knolle
- Honig oder Kandiszucker

Selbstgemachter Rettichsaft

Natürliche Hilfe bei Husten

Das einfache Hausmittel kenne ich noch aus meiner Kindheit. Der süße Saft hilft sehr gut bei Husten und kann einfach zubereitet werden. Die darin enthaltenen Stoffe wirken schleimlösend und antibakteriell. Wem der Rettich zu intensiv ist, der kann auch die Alternative mit Karotten (siehe S. 110–111) oder der Roten Rübe (siehe S. 188–189) probieren.

So wird's gemacht:
Den „Deckel" des Rettichs abschneiden und die Knolle aushöhlen. An der Unterseite mit einem Schaschlik-Spieß oder einer dicken Nadel mehrere Löcher einstechen, damit der Saft durchlaufen kann.
Die ausgelösten Rettichstücke kleinschneiden und mit etwa der gleichen Menge Honig oder Kandiszucker vermischen und in die Rübe füllen. Den Rettich auf ein Glas oder eine Schüssel stellen und etwa 12 Stunden entwässern lassen. Den aufgefangenen Saft löffelweise einnehmen.

Haltbarkeit: im Kühlschrank gelagert mehrere Tage

So wird's gemacht:
Rettich schälen, in feine Scheiben schneiden und in ein vorher sterilisiertes Glas schichten. Essig, Wasser, Gewürze und Zucker in einen Topf geben und zum Kochen bringen.
Das heiße Essigwasser über den Rettich gießen und verschließen.

Haltbarkeit: im Kühlschrank gelagert mehrere Monate

Eingelegter Rettich

Knackig & würzig

Nicht nur als Hustensaft tut der Schwarze Rettich gut. Möchte man den aromatischen Geschmack konservieren, so legt man ihn am besten ein. Dies kann man natürlich nicht nur mit Schwarzem Rettich machen, sondern auch mit allen bunten Sommerrettichen.

Man benötigt:

- 500 g Winterrettich
- 500 ml (Kräuter-)Essig
- 350 ml Wasser
- 10 Pfefferkörner
- 5 Pimentkörner
- 2 Lorbeerblätter
- 1 TL Senfsamen
- 3 EL Salz
- 4 EL Zucker

Süßholz

(Glycyrrhiza glabra L.)

Das allseits bekannte Lakritz mag man oder nicht. Da die Basis für echtes Lakritz die Süßholzwurzel ist, wird es hier ähnlich sein. Ihr süßer Geschmack hat ihr auch den Namen eingebracht: So wird sie mancherorts auch Zuckerwurzel, Hustenwurzel oder Lakritzenwurzel genannt. Sie gehört zur Familie der Hülsenfrüchte und ihr verwendeter Teil ist eben die Wurzel.

Um Lakritz herzustellen, wird die Wurzel mit Zuckersirup, Mehl und Gelatine sehr lange Zeit eingekocht. Manchmal werden auch noch Fenchelöl, Anis oder Salmiak hinzugemischt. Die dunkle, ja sogar pechschwarze Süßigkeit wird mancherorts auch Bärendreck genannt, was auf den Nürnberger Süßwarenfabrikanten Karl Bär zurückgeht.
Die Süßholzwurzel wirkt schleimhautschützend, entzündungshemmend, krampflösend, antiasthmatisch, auswurf-

fördernd, schleimlösend, antibakteriell, antiviral und antimykotisch. Daher wird sie empfohlen bei Magengeschwüren und Magenschleimhautentzündungen, aber auch bei Katarrhen der Atemwege.

Die Süßholzwurzel sollte nicht bei Bluthochdruck, Nierenschwäche, Leberzirrhose oder Lebererkrankungen mit verringerter Gallenbildung verwendet werden. Auch in der Schwangerschaft sollte auf die Wurzel verzichtet werden.
Es wird empfohlen, Süßholz nicht länger als 4 bis 6 Wochen einzunehmen, danach wieder eine Pause machen.

Man benötigt:

- ❄ Schalen von 2 Bio-Orangen
- ❄ Schalen von 2 Bio-Zitronen
- ❄ Schalen von 3 Bio-Äpfeln
- ❄ 10 g Himbeerblätter
- ❄ 10 g Lindenblätter
- ❄ 10 g Süßholzwurzel
- ❄ 5 g Melisse
- ❄ 5 g Hibiskus
- ❄ 1 TL Nelken
- ❄ 5 Zimtstangen

Wintertee mit Süßholzwurzel

Wärmende Köstlichkeit

Was wären die dunklen Wintermonate ohne eine heiße Tasse Tee? Wenn es draußen kalt ist, wärmt uns drinnen der wohltuende Geschmack von verschiedenen Kräutern. Und durch die Süßholzwurzel schmeckt der Tee herrlich süß und schmackhaft!

So wird's gemacht:
Die Schalen der Orangen, Zitronen und Äpfel klein schneiden und trocknen lassen.
Nelken und Zimtstangen im Mörser zerkleinern. Die Süßholzwurzel fein raspeln. Kräuter und die anderen Zutaten in einer Schüssel vermengen, danach alles in ein Glas abfüllen.
Für eine Tasse Tee (200 ml Wasser) etwa 1 TL der Mischung verwenden.

Haltbarkeit: etwa 1 Jahr

Hustensirup mit Süßholzwurzel

Süße Linderung

Im Winter erwischt man schnell einen Husten oder bekommt Halsschmerzen. Hier ist die Süßholzwurzel ein aromatischer Helfer aus der Naturapotheke. Der schmackhafte Sirup lindert den Husten und beruhigt lästige Halsschmerzen.

So wird's gemacht:
Anis und Fenchel im Mörser gut zerstoßen. Süßholz ebenso fein raspeln oder im Mörser zerkleinern. Gemeinsam mit den Kräutern und dem Wasser in einen Topf geben und aufkochen. Danach auf kleiner Flamme etwa eine halbe Stunde ziehen lassen. Anschließend durch ein Sieb abseihen, wieder in einen Topf geben und gemeinsam mit dem Rohrzucker aufkochen. Zum Schluss den Honig hinzugeben und sofort in sterilisierte Flaschen abfüllen.

Den Sirup löffelweise bei Hustenbeschwerden einnehmen, etwa dreimal täglich 1 EL. Nicht für Kleinkinder, Schwangere und stillende Mütter geeignet!

Haltbarkeit: kühl und dunkel gelagert 10–12 Monate

Man benötigt:

- 10 g getrocknete Süßholzwurzel
- 10 g getrockneten Thymian
- 5 g getrockneten Salbei
- 5 g getrocknete Kamillenblüten
- je 1 EL Anis- und Fenchelfrüchte
- 100 g Honig
- 400 g Rohrzucker
- 550 g Wasser

Man benötigt für die Tinktur:

- 10 g pulverisierte Süßholzwurzel
- 100 g Alkohol mind. 80 Vol.-%

Man benötigt für das Gel:

- 40 g Rosenblütenhydrolat
- 10 g Süßholzwurzel-Tinktur
- 0,5 g Xanthan
- Alkohol zum Desinfizieren

Rosen-Süßholzwurzel-Gel

Natürliche Hautpflege

Auch in der Kosmetik ist die Süßholzwurzel eine interessante Zutat. Ihre entzündungshemmende und antioxidative Wirkung pflegt sensible und irritierte Haut. Durch den Inhaltsstoff Glabridin soll sie außerdem Altersflecken leicht aufhellen können und wird so auch zur Pflege reifer Haut verwendet.

So wird's gemacht:
Zunächst den Arbeitsplatz und die Geräte und Tiegel mit Alkohol desinfizieren.
Die pulverisierte Süßholzwurzel in ein Glas füllen und mit dem Alkohol übergießen. Verschließen, leicht schütteln und an einem hellen, aber nicht vollsonnigen Platz etwa 3 bis 4 Wochen ziehen lassen, danach abseihen und in Flaschen füllen.
Für das Gel die Tinktur abwiegen, in ein Glas geben, mit dem Xanthan vermischen und etwa 5 Minuten quellen lassen.
In der Zwischenzeit das Rosenblütenhydrolat abwiegen und anschließend die Tinktur-Xanthan-Mischung hinzugeben und alles mit einem Mixer vermischen. In einen Pumpspender abfüllen.

Haltbarkeit: 6–8 Wochen

So wird's gemacht:
Süßholzwurzel zerkleinern und mit den Zitronenzesten in ein Glas füllen. Mit dem Honig übergießen und gut vermischen. Etwa 2 bis 3 Wochen ziehen lassen, danach abseihen. Der aromatisierte Honig schmeckt lecker auf frischem Brot oder Brioche.

Haltbarkeit: etwa 1 Jahr

Honig küsst Süßholzwurzel & Zitrone

Die Süßholzwurzel hat, wie es der Name schon verrät, einen feinen süßen Geschmack und ein besonderes Aroma. Eine Möglichkeit, ihren einzigartigen Geschmack zu nutzen, ist das Aromatisieren eines Honigs.

Man benötigt:

- 15 g Süßholzwurzel
- Zesten von 1 Bio-Zitrone
- 150 g Honig

Wegwarte

(Cichorium intybus)

Mit wunderschönen blau-violetten Blüten macht die Wegwarte oder Zichorie im Sommer auf sich aufmerksam. Sie gehört zur Familie der Korbblütler und man findet sie an warmen, sonnigen Standorten. Auch auf trockenen Lehmböden, Wegrändern oder auf Brachen ist sie beheimatet. Schwebfliegen, Bienen und Hummeln laben sich an der schönen Pflanze. Im Herbst, wenn sie Samen bildet, wird sie gerne von Stieglitzen und Finkenvögeln besucht. Kulturformen der Wegwarte sind Zuckerhut, Radicchio oder Chicorée.

Früher glaubte man, dass die Wegwarte Zauberkräfte hat, vor allem verschiedene Liebeszauber wurden ihr zugeschrieben. Wenn man am Peterstag mit einem Hirschgeweih die Pflanze ausgräbt, könne man jede Person damit betören, die man damit berührt, hieß es.

Die Wegwarte ist auch auf der sogenannten Blumenuhr zu finden, die zeigt, wann sich welche Blüten während des Tages öffnen und wieder schließen. So öffnen sich die Blüten der Wegwarte schon frühmorgens und schließen sich meist am frühen Nachmittag.

Ihre Wurzel enthält Bitterstoffe, Cumarine, Flavonoide, Inulin und vieles mehr. Dabei wirkt sie appetitanregend, blutstillend, harntreibend und verdauungsanregend. Sie wird in der Volksheilkunde bei Appetitlosigkeit, Völlegefühl, Blähungen, Ekzemen und Erkrankungen der Leber oder Milz verwendet, aber auch bei Gicht, Rheuma und Stoffwechselstörungen.

Besonders die Bitterstoffe wirken sehr stoffwechselanregend. Schon die Äbtissin Hildegard von Bingen (1098–1179) empfahl die Pflanze bei Verdauungsstörungen. Das in der Wurzel enthaltene Inulin dient als Futter für die guten Darmbakterien und sorgt daher für eine gute Darmflora.

Bei einer Allergie gegen Korbblütler sollte man auf den Genuss der Pflanze verzichten und bei Gallensteinen vorsichtig sein, da die Wegwarte galletreibend wirkt.

Man benötigt:

- frische Wegwartenwurzeln
- heißes Wasser

Wurzelkaffee aus der Wegwarte

Kaffee ohne Koffein

Da Kaffee früher sehr kostbar war und nicht jeder ihn sich leisten konnte, wurde aus der Wurzel der Wegwarte eine Art Kaffeeersatz gebrüht. Röstet man inulinhaltige Pflanzen, so wird dieser Inhaltsstoff teilweise in Oxymethylfurfurol umgewandelt, das an den Geschmack des echten Kaffees erinnert, dabei aber keine anregende Koffein-Wirkung hat. Genauso wie die Löwenzahnwurzel dient auch die Wegwartenwurzel als Kaffeeersatz.

So wird's gemacht:
Die Wurzeln gut säubern und in kleine Stücke schneiden. Auf einem Tuch ausbreiten und trocknen lassen. Die getrockneten Wurzelstücke in einer Pfanne ohne Fett bei mittlerer Hitze rösten. Sie sollten schön braun, aber nicht schwarz werden. Dabei immer wieder umrühren, sodass sie von allen Seiten geröstet werden. Abkühlen lassen und in einer Kaffeemühle fein mahlen. In einem verschließbaren Glas aufbewahren. Wer möchte, kann dem Pulver auch noch Gewürze wie Zimt oder Kardamom beimischen.
Für eine Tasse etwa 1 TL des Pulvers mit 200 ml heißem Wasser überbrühen, 2 bis 3 Minuten ziehen lassen, danach abseihen.

Haltbarkeit: mehrere Monate

So wird's gemacht:
Kräuter und Wurzeln in einer Schüssel gut vermischen und in ein verschließbares Glas abfüllen. Für eine Tasse Tee einen Teelöffel der Mischung mit etwa 250 ml heißem Wasser überbrühen und zugedeckt 10 Minuten ziehen lassen, danach abseihen.

Haltbarkeit: etwa 1 Jahr

Leber- & Gallentee

Zum Entgiften

Man denkt nicht so oft an die Leber, weil sie doch normalerweise einfach funktioniert und wir sie gar nicht bemerken. Wenn man sich aber mal bewusst macht, was sie für uns alles leistet, dann wird man sie auch gerne pflegen wollen. Denn sie ist das zentrale Entgiftungsorgan unseres Körpers. Durch sie fließen etwa 1,5 Liter Blut pro Minute, dabei werden hunderte chemische Prozesse durchlaufen.

Man benötigt (jeweils getrocknet):

- 30 g Wegwartenwurzeln
- 20 g Löwenzahnwurzeln
- 20 g Mariendistelsamen
- 10 g Pfefferminzblätter

Zwiebel

(Allium cepa)

Aus der Küche ist die Zwiebel nicht wegzudenken und das macht sie auch zu einem großartigen Hausmittel, da sie in fast jedem Haushalt zu finden ist. Aber sie verfeinert nicht nur Speisen mit ihrem würzigen Aroma, sie hat auch für die Gesundheit so einiges zu bieten.

Sie wirkt antibakteriell, kann die Blutfette und das Cholesterin senken und hat eine leicht blutdrucksenkende Wirkung. Zudem hilft sie gegen Ablagerungen an den Blutgefäßwänden und wirkt noch dazu entzündungshemmend, antiasthmatisch und krampflösend bei Husten. Wer hätte gedacht, dass die einfache Küchenzwiebel so ein Kraftpaket ist?

So wird sie in der Volksheilkunde gerne bei Husten und Asthma verwendet oder auch als Wickel bei

Mittelohrentzündungen. Bei einem Insektenstich wirkt die Auflage einer frischen Zwiebelschale wahre Wunder, da sie schmerzlindernd und entzündungshemmend ist.

Aber warum müssen wir eigentlich beim Zwiebelschneiden die eine oder andere Träne vergießen? Schneiden wir die Knolle in Stücke, können zwei Stoffe, Alliin und Alliinase, entweichen, sie kommen dabei in Kontakt – so entsteht Allicin. Das ist ein sehr aromatischer Stoff, der wiederum mit der Umgebungsluft reagiert, dabei entsteht das Gas Propanthialsulfoxid – das Reizgas, das in unseren Augen so unangenehm brennt.

Man benötigt:

- 1 kleine Zwiebel
- 4–5 EL Honig

Zwiebel-Honig-Hustensaft

Eines der wohl beliebtesten Hausmittel in Familien ist der Zwiebel-Honig-Hustensaft. Und das nicht umsonst, denn er ist einfach zu machen, die Zutaten hat man meist zu Hause, er wirkt sehr gut und durch die Süße schmeckt er auch Kindern! Die antibakterielle Wirkung der Zwiebel und die gesundheitsfördernden Enzyme im Honig sind eine wunderbare Kombination. Wegen des Honigs nicht für Kinder unter 1 Jahr geeignet.

So wird's gemacht:
Die Zwiebel schälen und fein schneiden, in ein verschließbares Glas geben. Mit dem Honig übergießen und vermischen. Über Nacht oder einen halben Tag stehen lassen, danach abseihen. Mehrmals täglich einen Teelöffel davon einnehmen.

Haltbarkeit: im Kühlschrank gelagert 3–4 Tage

So wird's gemacht:
Die Zwiebel schälen und in etwa 1 Zentimeter dicke Scheiben schneiden. Diese erwärmt man am besten leicht, damit sie sich auf der Haut angenehmer anfühlen. Dazu auf die Wärmeflasche legen.
Die Zwiebelschalen direkt auf die Fußsohle geben, dann mit einer Socke fixieren. Anschließend noch eine weitere Socke darüber anziehen, sodass die Füße wirklich schön warm sind. Die Zwiebelsocken können so lange getragen werden, wie sie sich gut und warm anfühlen. Eine Anwendung von etwa 1 bis 2 Stunden wäre ideal, aber auch ein kürzerer Einsatz von 15 bis 20 Minuten ist schon hilfreich!

Zwiebel-Socken

Wärmend bei Erkältungen

Noch ein Klassiker, den vielleicht manche noch aus der Kindheit kennen – die Zwiebel-Socken! Dieser warme Wickel unterstützt ebenso bei allen Erkältungskrankheiten. Denn durch die Wärme und den Zwiebelsaft wird das Immunsystem aktiviert, festsitzender Schleim wird verflüssigt, es kann besser abgehustet werden und der Schnupfen wird sanft gelindert.

Man benötigt:

- 1 kleine Zwiebel
- 1–2 Paar Socken
- Wärmeflasche

Man benötigt:

- 2 Zwiebelscheiben, jeweils 1 cm dick
- kleines Stoffstück oder Wattepads
- optional Heilwolle
- Stirnband oder Mütze zum Fixieren
- Wärmeflasche

Zwiebel-Wickel

Gegen Ohrenschmerzen

Ohrenschmerzen sind etwas sehr Unangenehmes – für Kinder wie für Erwachsene. Ein Zwiebelwickel kann durch die ätherischen Öle in der Zwiebel die Entzündung im Ohr schneller abheilen lassen, außerdem wirkt er auch leicht schmerzlindernd.

So wird's gemacht:
Die Zwiebelscheiben leicht erwärmen und mit einem dünnen Stoffstück umwickeln. Oder ein Wattepad auseinanderziehen, sodass zwei Teile entstehen, und in die Mitte die Zwiebelscheibe legen. Dieses Päckchen nun an die Ohren legen und mit einem Stirnband oder einer Mütze fixieren. Solange es angenehm ist, den Wickel oben lassen.

So wird's gemacht:
Die Zwiebeln grob zerkleinern und mit dem Olivenöl und Salz im Mixer zu einer feinen Paste vermahlen. Anschließend in ein sterilisiertes Glas füllen – schon ist das Zwiebelaroma fertig!

Haltbarkeit: 2 Monate im Kühlschrank

Zwiebelpaste

Feines Aroma auf Vorrat

In der Küche ist die Zwiebel nicht wegzudenken und verleiht vielen Gerichten ein feines würziges Aroma. Die Paste ist eine praktische Möglichkeit, um Speisen das Zwiebelaroma zu verleihen – und das auf Vorrat, der sich hält! In manchen Ländern, wie beispielsweise Ungarn, ist die Zwiebelpaste aus dem Küchenalltag nicht wegzudenken.

Man benötigt:

- 150 g geschälte Zwiebeln
- 20 ml Olivenöl
- 1 EL Salz

Johanniskrautöl

Man benötigt:

- frische Johanniskrautblüten
- Mandel- oder Sonnenblumenöl
- Alkohol zum Desinfizieren
- Küchenkrepp

So wird's gemacht:

Zunächst den Arbeitsplatz und die Geräte und Tiegel mit Alkohol desinfizieren.
Johanniskrautblüten zerkleinern und bis etwa Dreiviertel in ein verschließbares Glas füllen.
Mit dem Öl auffüllen und dem Küchenkrepp abdecken. An einem warmen, aber nicht vollsonnigen Platz etwa 5 Tage stehen lassen. Danach das Glas verschließen und für weitere 3 Wochen stehen lassen. Anschließend abseihen und in Flaschen füllen.

Ringelblumentinktur

Man benötigt:

- frische oder getrocknete Ringelblumenblüten
- Alkohol mit etwa 40 Vol.-%

So wird's gemacht:

Ringelblumenblüten zerkleinern und bis etwa zu einem Dreiviertel (bei getrockneten Blüten bis zur Hälfte) in ein Glas füllen. Mit dem Alkohol übergießen und verschlossen für etwa 4 Wochen ziehen lassen. Danach abseihen und in Flaschen füllen.

Glossar

Allantoin: Pflanzeninhaltsstoff, der hautberuhigend, regenerativ und zellerneuernd wirkt.

Antioxidantien: Chemische Verbindungen, die eine Oxidation, das ist die Reaktion mit Sauerstoff, verlangsamen oder verhindern; so reduziert Vitamin E bei vielen pflanzlichen Ölen die Oxidation beziehungsweise das Ranzigwerden.

Anthocyane: Sie zählen zu den sekundären Pflanzenstoffen; sie färben die Pflanze Blau, Rot oder Violett und haben eine positive Wirkung auf unsere Gesundheit.

Apigenin: Ein gelber Pflanzenfarbstoff, der zu den Flavonoiden zählt. Kommt in verschiedenen Pflanzen wie Petersilie, Sellerie und Kamille vor und wird für seine antioxidativen und entzündungshemmenden Eigenschaften geschätzt.

Betanin: Ein natürliches rotes Pigment, das in Rüben vorkommt und häufig als Lebensmittelfarbstoff verwendet wird; es besitzt auch antioxidative Eigenschaften.

Carotinoide: Sie geben Pflanzen eine gelbliche bis orange Färbung und sind fettlöslich; zählen zu den sekundären Pflanzenstoffen.

Cumarine: Sie gehören zu den sekundären Pflanzenstoffen, welche einen sehr angenehmen vanille- oder heuartigen Duft haben; sollten nicht in zu großen Mengen eingenommen werden.

Flavonoide: Sie zählen zu den sekundären Pflanzenstoffen und kommen in sehr vielen Pflanzen vor. Wir nehmen viele Flavonoide auch über unsere Nahrung auf. Ihnen wird eine antioxidative Wirkung zugeschrieben.

Furanocumarine: Eine spezifische Gruppe von Cumarinen, die in einigen Pflanzen wie Zitrusfrüchten vorkommen. Sie können Reaktionen auf der Haut verursachen, wenn sie mit Sonnenlicht in Kontakt kommen.

Glabridin: Ein Stoff, welcher in der Süßholzwurzel vorkommt und für seine hautaufhellenden und entzündungshemmenden Eigenschaften bekannt ist; wird oft in Hautpflegeprodukten verwendet.

Glycerin: Chemisch gesehen ein 3-wertiger Alkohol. Er entsteht als Nebenprodukt bei der Spaltung von pflanzlichen Fetten in Glycerin und Fettsäuren, was beispielsweise auch bei der Verseifung passiert. Glycerin kommt aber auch ganz natürlich in der Haut vor und ist ein besonders hautverträglicher Stoff, sofern er nicht überdosiert wird.

Hydrolat: Auch Pflanzenwasser oder Blütenwasser genannt; Hydrolate entstehen als Nebenprodukt bei der Herstellung von ätherischen Ölen durch Wasserdampfdestillation. Durch den Wasserdampf werden Pflanzeninhaltsstoffe extrahiert. Bei der Abkühlung im Destillationsprozess verwandelt sich der Dampf wieder in Wasser. Diese Pflanzenwasser enthalten alle wasserlöslichen Pflanzeninhaltsstoffe und sind ähnlich der Wirkung von ätherischen Ölen, allerdings milder.

Inulin: Ein löslicher Ballaststoff, der in vielen Pflanzen wie Chicorée, Artischocken und Zwiebeln vertreten ist und für seine präbiotischen Eigenschaften geschätzt wird, da er das Wachstum gesunder Darmbakterien fördert und die Verdauung unterstützt.

Lektine: Eine Art von Proteinen, die in vielen Lebensmitteln vorhanden sind, insbesondere in Hülsenfrüchten, Getreide, Nüssen und Samen.

Lignane: Eine Gruppe von Pflanzeninhaltsstoffen, die in einer Vielzahl von Pflanzen, insbesondere in Leinsamen, Sesam, Vollkornprodukten und einigen Obst- und Gemüsesorten, vorkommen. Sie werden mit verschiedenen gesundheitlichen Vorteilen in Verbindung gebracht. Lignane können auch eine Rolle bei der Förderung der Herzgesundheit und der Regulierung des Hormonhaushalts spielen.

Mazerat, Mazeration: Von Lateinisch *macerare,* was so viel wie „einweichen" bedeutet. In der Pflanzenheilkunde wird der Begriff verwendet, wenn Pflanzeninhaltsstoffe durch einen Kaltwasserauszug extrahiert werden. Beispielsweise, wenn die Schleimstoffe der Eibischwurzel kalt angesetzt werden, spricht man von Mazeration. Aber auch, wenn Pflanzenteile in Öl eingeweicht werden, um so die öllöslichen Stoffe zu extrahieren, spricht man oft von einem Ölmazerat oder Ölauszug.

Oxalsäure: Eine natürliche chemische Verbindung, die in vielen Pflanzen vorkommt, insbesondere in Spinat oder Rhabarber. Sie kann in Form von Oxalat-Kristallen auftreten und bei empfindlichen Personen zu Nierensteinen führen, wenn sie in großen Mengen verzehrt wird. In kleineren Mengen wird sie jedoch vom Körper normalerweise ohne Probleme verstoffwechselt.

Phytosterole: Sie können dazu beitragen, den Cholesterinspiegel im Blut zu senken, indem sie die Aufnahme von Cholesterin im Darm hemmen. Aus diesem Grund werden sie oft als funktionelle Zusätze in Lebensmitteln zur Förderung der Herzgesundheit verwendet.

Polysaccharide: Komplexe Kohlenhydrate, die in vielen Lebensmitteln wie Getreide, Gemüse und Früchten vorhanden sind.

Pyrrolizidinalkaloide: Sekundärer Pflanzeninhaltsstoff, der in größeren Mengen eingenommen als leberschädigend gilt; eine Einnahme sollte deshalb zeitlich begrenzt sein.

Sekundäre Pflanzenstoffe: Chemische Verbindungen, die für die Pflanze primär nicht lebensnotwendig sind, aber eine große Rolle spielen, da sie vielfältige Aufgaben übernehmen wie beispielsweise die Abwehr von Fressfeinden.

Signaturenlehre: Ein historisches Konzept, das besagt, dass Pflanzen aufgrund ihres Aussehens oder ihrer Umgebung bestimmte Eigenschaften oder Heilkräfte haben, die für den Menschen nützlich sein können. Diese Lehre wurde im Mittelalter und in der Renaissancezeit entwickelt und stellte ein frühes Verständnis von Medizin und Naturheilkunde dar.

Solanin: Ein Pflanzenstoff, der in bestimmten Pflanzen der Nachtschattengewächse, wie zum Beispiel Kartoffeln, Tomaten, Auberginen und Paprika, vorkommt. Der Anteil ist besonders hoch in grünen oder unreifen Teilen dieser Pflanzen sowie in den Keimen und Schalen von Kartoffeln. Der Verzehr von Solanin in großen Mengen kann zu Magen-Darm-Beschwerden, Übelkeit, Erbrechen, Durchfall und Kopfschmerzen führen.

Tinktur: In den meisten Fällen ein alkoholischer Auszug aus Pflanzenstoffen.

Xanthan: Gelbildner in der Kosmetik.

Index

A
After-Sun-Schüttellotion 105
Ahornsirup 151
Alant 20 f, 23 f, 27
Alant-Räucherwerk 27
Alantwurzel 22, 25 f, 27
Angelika-Wein 90
Anis 56, 76, 212, 216, 217
Apfelessig 68 f, 140 f, 150 f, 164, 172
Apfel-Kren-Senf 150
Atemfreude-Tee 24

B
Baldrian 28 f, 31 f, 35 f, 39
Baldrianwurzel 30, 33 f, 37 f, 41
Beifuß 179
Beinwell 42 f, 46, 48 f
Beinwellkompresse 45
Beinwellwurzel 18, 45 ff
Bibernelle 5 f, 53 f
Bibernelle-Mischung 54
Bibernelle-Tinktur 53
Bibernellwurzel 52, 55 f
Bienenwachs 22 f, 38 f, 48 f, 84 f, 96 f, 122 f
Birkenblätter 69
Bittersalz 170
Bittertropfen mit Löwenzahn 174
Blutwurz 58 ff
Blutwurz-Tinktur 61
Bodybutter 106
Brennnessel 64 f, 71
Brennnesselblätter 64, 70, 73, 171
Brennnesselwurzel-Blasentee 72
Brennnesselwurzeln 66, 69 f, 73
Brennnesselwurzel-Tinktur 67

C
Chilis 140 f

D
Dinkelspelzen 34
Duftende Schlafhilfe 39
Duftende Zuversicht 36

E
Eibisch 6, 47 f, 77, 81
Eibischblätter 76
Eibisch-Gesichtsmaske 81
Eibischtee für die Erkältungszeit 77
Eibischwurzel 74, 76, 78, 80, 241
Eibischwurzelpulver 78 f
Eingelegter Rettich 210
Engelwurz 26, 82 ff, 91, 176
Engelwurz-Likör als Digestif 89
Engelwurzöl 84
Engelwurz-Wurzel 176

F
Feiner Likör 100
Fenchel 55 f, 154, 171, 216
Fenchelfrüchte 154 f, 174 f, 178 f, 217
Fermentierter Knoblauch 135
Fichtenharz 36 f, 176
Fichtennadeln 37
Fire Cider 140
Fußbad 71

G

Gallen- & Lebertee 226
Gesichtsmaske mit Eibisch 81
Goldmelissenblüten 176
Große Klette 126
Gute-Nacht-Trinkschokolade 40

H

Heidelberger Kräuterpulver 57
Heilerde 44 f, 80
Hibiskus 214
Himbeerblätter 214
Honig 52 f, 78 ff, 89 ff, 94 f, 108, 110 f, 125, 134 f, 140 f, 146 f, 150 f, 154 f, 160, 162, 164 f, 179, 182 ff, 188 f, 208 f, 216 f, 220 f, 230 f
Honigklee 34
Honig mit Süßholz & Zitrone 220
Hopfen 179
Hustensirup mit Süßholzwurzel 216

I

Ingwer, kandierter 99
Immun-Booster 95
Immunstärkender Fire Cider 140
Ingwer 92 ff, 99 ff, 138 ff, 16 f, 163 ff,
Ingwer-Salbe 96
Ingwerwurzel 98

J

Johanniskraut 25, 30, 34, 37, 87
Johanniskrautöl 44 f, 84 f, 96 f, 156 f, 240
Jojobaöl 62 f

K

Kakaobutter 106 f
Kamille 55, 240
Kamillenblüten 34, 38, 41, 69, 73, 122, 217
Kandierter Ingwer 99
Kapuzinerkresse 143, 148 f
Karotte 102 ff
Karotten 102 ff, 200, 209
Karotten-Gesichtsmaske 109
Karotten-Hustensirup 110
Karotten-Ölmazerat 104 ff
Karotten-Suppe (Moro) 114
Karotten-Tomaten-Aufstrich 113
Kartoffel 116 f, 124 f
Kartoffelbalsam 123
Kartoffelmaske 124
Kartoffeln 117 ff, 242
Kartoffelwickel 119
Kissen der Ruhe 35
Klette 126
Klettenwurzeln 69, 128 f, 130 f
Klettenwurzelöl 129
Klettenwurzeltee 130
Knoblauch 132 ff, 139 f, 190
Knoblauch-Elixier mit Zitrone 139
Knoblauch, fermentierter 135
Knoblauchöl 136
Knochenheiler-Salbe 49
Knollensellerie 198, 199 ff

Index

Kokosöl 106 f, 160, 162, 164
Kompresse mit Beinwell 45
Königskerzenblüten 76
Kren 142 f, 144 ff, 190 f
Kren-Auflagen 145
Krenbutter 153
Kren-Honig 146
Kren-Wein 154
Kümmel 56
Kurkuma 94 f, 139, 158 ff
Kurkuma-Ingwer-Oxymel 165
Kurkuma-Milch 162
Kurkuma-Paste 161
Kurkumapulver 138, 141

L

Lanolin 63
Lavendelblüten 30, 38, 41
Lavendelhydrolat 104 f
Lavendelöl, ätherisches 122 f
Leber- & Gallentee 226
Leckerer Aufstrich 190
Lichtvolle Räuchermischung 86
Lindenblätter 214
Lindenblüten 34
Likör 100
Löwenzahn-Bittertropfen 174
Löwenzahnblätter 171
Löwenzahnblüten 176
Löwenzahnkaffee 169
Löwenzahn-Räuchermischung 177
Löwenzahn-Sole 173
Löwenzahn 166
Löwenzahnwurzel 171, 173, 176 f, 225
Löwenzahnwurzeln 168 f, 172, 174 f, 179, 227

M

Magenbitter 178
Mandelöl 38 f, 104 f, 128 f, 196 f
Mariendistelsamen 227
Marshmallows 74, 78
Meerrettich 142 f
Melisse 26, 30, 34, 179, 182, 214
Melissenblüten 73
Minze 179
Möhre 102
Moro-Suppe 114
Muskelöl mit Kren 157
Myrrhe 86 f

N

Nachtzauber-Tee 31
Nelken 88, 141, 214 f

O

Olivenöl 22 f, 48 f, 84 f, 96 f, 108, 122, 125, 156 f, 236 f

P

Pfefferminzblätter 227
Propolistinktur 122 f

Q

Quendel 25, 112, 188

R

Red Velvet Smoothie 194
Rettich 189, 206 ff
Rettich, eingelegter 210
Ringelblumenblüten 122 f
Ringelblumentinktur 104, 240
Rosenblätter 185
Rosenblüten 26, 38, 41, 182
Rosenblütenhydrolat 218 f
Rosen-Süßholzwurzel-Gel 219
Rosenwurz 180 ff
Rosenwurz-Electuarium 184
Rosenwurz-Tonikum 183
Rosenwurz-Wurzeln 182, 185
Rosmarinnadeln 176
Rote Bete 186, 194
Rote Rübe 186 ff, 190 ff
Rote-Rüben-Hustensaft 189
Rote-Rüben-Salz 193
Rotwein 90 f

S

Salbei 52, 55, 217
Salbenmischung für gesunde Haut 23
Saure Rinse 68
Schafgarbenblätter 171, 179
Schafgarbenkraut 56
Schnupfnasen-Balsam 85
Schönes Rouge 197
Schwarzer Winterrettich 206 f
Selbstgemachter Rettichsaft 209
Selbstgemachte Suppenwürze 201
Sellerie 198 f, 204 f, 240
Selleriechips 202
Selleriesalz 205
Sheabutter 62 f, 96 f, 106 f, 196 f
Sonnenblumenöl 136 f, 191
Spitzwegerichblätter 25
Süßholz 212 f, 216
Süßholzwurzel 25, 76, 212 ff, 240
Süßholzwurzel-Rosen-Gel 219

Index

T

Tomaten-Karotten-Aufstrich 113
Thymian 52, 55, 112, 188 f, 217
Tinktur der Gelassenheit 32
Tinktur für Salben und Umschläge 46
Tonkabohne 87

V

Vanille 78 f, 91, 121

W

Wacholderbeeren 56
Wegwarte 222 f, 225
Wegwartenwurzeln 224, 227
Weißwein 154, 155
Wermutkraut 56
Winterrettich 206 f, 211
Wintertee mit Süßholzwurzel 215
Wohltuender Balsam 62
Wollwachs 62 f
Wurzelkaffee aus der Wegwarte 225

X

Xanthan 218 f, 242

Z

Zwiebel 110, 112 f, 140 f, 152 f, 189 ff, 200, 228 ff, 235 ff, 241
Zwiebel-Honig-Hustensaft 231
Zwiebelpaste 236
Zwiebel-Socken 232
Zwiebel-Wickel 235

Literatur

Bühring, Ursel (2014, 4. Auflage): Praxis-Lehrbuch Heilpflanzenkunde: Grundlagen – Anwendungen – Therapie. Stuttgart: Karl F. Haug Verlag in MVS Medizinverlage.

Bühring, Ursel (2015): Alles über Heilpflanzen: erkennen, anwenden und gesund bleiben. Stuttgart: Eugen Ulmer KG.

Fischer-Rizzi, Susanne, (2016, 6. Auflage). Das Buch vom Räuchern. Aarau: AT Verlag.

Fuchs, Christine (2013). Räuchern mit heimischen Pflanzen: sammeln, mischen, anwenden. Stuttgart: Franckh-Kosmos Verlags-GmbH & Co KG.

Käser, Heike (2015, 4. Auflage): Naturkosmetische Rohstoffe: Wirkung, Verarbeitung, kosmetischer Einsatz. Linz: Freya Verlag.

Stern, Cornelia & Ell-Beiser, Helga (2022): Phytotherapie in Theorie und Praxis: Wirkstoffe verstehen – Heilpflanzen sinnvoll nutzen. Aarau: AT Verlag.

Informationen & Bezugsquellen

Haftungsausschluss

Alle Rezepte und Anleitungen sowie Pflanzenbeschreibungen wurden nach bestem Wissen und mit größtmöglicher Sorgfalt erstellt. Trotzdem kann keine Garantie für die Richtigkeit der Angaben übernommen werden. Eine juristische Haftung ist ausgeschlossen. Des Weiteren wird keine Haftung für fehlerhafte Zubereitung und Anwendung, auch nicht für Gesundheitsschäden durch allergische Reaktionen übernommen. Die Rezepte und Anwendungen in diesem Buch bieten keinen Ersatz für eine medizinische Behandlung. Bei Beschwerden oder Problemen wenden Sie sich im Bedarfsfall bitte umgehend an Ihre Ärztin oder Ihren Arzt.

Weiterführende Infos

Auf meinem Blog **www.mitliebegemacht.at** findest du viele weitere Informationen und Rezepte zu Kräutern, Hausmitteln und Naturkosmetik.

Auf der Seite **www.olionatura.de** der Naturkosmetik-Expertin Heike Käser gibt es detaillierte Informationen zum Thema Naturkosmetik und die richtige Verarbeitung von Rohstoffen.

Onlineshops für die Inhaltsstoffe

Österreich
Aromapflege: www.aromapflege.com
Feeling: www.feeling.at
Kräuter und Geist: www.kraeuterundgeist.at
Naturkosmetik-Werkstatt: www.naturkosmetik-werkstatt.at

Deutschland
Alexmo Cosmetics: www.alexmo-cosmetics.de
Dragonspice: www.dragonspice.de
Spinnrad: spinnrad.de

Schweiz
Feeling: www.feeling-schweiz.ch
Spinnrad: spinnrad.ch

Verpackungen
Etivera: www.etivera.com
Rosa Heinz: www.rosa-heinz.de

Feinwaage
Zum Abwiegen von Inhaltsstoffen ist eine genaue Waage sehr wichtig – sie sollte bis zum Hundertstel Gramm genau sein. Erhältlich im Fachhandel.

Bildnachweis

13Smile 65; Alexander Raths 12; Anastasiia Malinich 5, Antonov Roman 4, 6, 9 f, 13, 15 f, 18 ff, 23 f, 27 f, 31 f, 35 f, 40, 42, 46, 49 f, 54, 57 f, 61 f, 65, 67 f, 71 f, 75, 77 f, 81, 83, 85 f, 90, 93, 95 f, 99 f, 103, 105, 106, 109 f, 114, 116, 119 f, 123 f, 126, 130, 133, 136, 140, 142, 145 f, 149, 150, 154, 158, 161 f, 165, 167, 169 f, 173 f, 177 f, 180, 183 f, 187, 189 f, 193 f, 197 f, 202, 205, 207, 209 f, 212, 215 f, 219 f, 223, 225 f, 228, 232, 235 f; 35; begemot_301 212; brulove 120; Chatham172 143, 198; COLOAStudio 21; dabjola 62; Dany Kurniawan 13; Dionisvera 220; domnitsky 19; Elena Zajchikova 116; Elen Vik 11; Emilio100 126; Esin Deniz 9, 170; Evri Onefive 158; fujilovers 186; GraleDesign 133; GummyBear 6; HappyAuthor 105; HOTHITHANHVAN 7; ibrahimkavus 109; irin-k 40; iva 167; Jrimages 159; Kuttelvaserova Stuchelova 142; Lepas 10; LesdaMore 17; LNteam 238; Madlen 132; Malivan_Iuliia 228; Manfred Ruckszio 6, 20, 50, 54, 74; Maulana Yahya 124; MERCURYstudio 189; Michelle Lee Photography 18; Mieko Photography 7; milart 77; Muhammedsahilu.k 99; NataliavanD 29, 183, 199, 202, 215; Natthapol Siridech 8, 136; Nedim Bajramovic 81; Olga_Ionina 222; Peter Milto 10, 127, 226; Petr Salinger 64; Photoongraphy 8, 161; PIXbankCZ 9, 205; Pixel-Shot 117; RVillalon 166; SaGa Studio 206, 210; Scisetti Alfio 6 ff, 10, 28, 71, 82, 213; SeDmi 14; Shamils 92; shansh23 5, 24, 27, 58, 72, 83; Simic Vojislav 46; somdul 10, 229; spline_x 8, 9, 154, 180; Stefan_Sutka 177; Suptar 100; unpict 5, 32, 42, 43; Valentyn Volkov 197; Valery121283 9; vandycan 102; Vastram 7; VIRTEXIE 6, 75; vitals 194; vvoe 130; xpixel 93; YamabikaY 31, alle shutterstock.com

Maria Binder: 254
Alle anderen Fotos stammen von Doris Kern.

Dank

Ein Buch ist immer wieder eine spannende Reise. Zuerst sprühen Ideen im Kopf, dann beginnt man zu recherchieren, man probiert Rezepte, verwirft sie, tüftelt weiter, schreibt nieder. Es vergeht nicht wenig Zeit, bis man ein fertiges Buch in den Händen hält. Und vor allem sind viele helfende Hände involviert, denen ich von Herzen Danke sagen möchte.

Ohne meine Familie, die mir immer den Rücken freihält, wäre solch ein Projekt nicht möglich. Geduldig wird mir zugeschaut, wenn ich wieder ein neues Rezept teste. Vielen Dank Erich, dass du mir immer mit Rat und Tat zur Seite stehst und an mich glaubst. Meine liebe Emma, auch dir danke ich, dass du mir stets neugierig zuschaust, wenn ich fotografiere, oder du mich auf neue Ideen bringst.

Ein Dankeschön geht auch an meine Eltern, die immer an mich glauben und meine Ideen unterstützen. Durch euch habe ich die Liebe zur Natur kennen und vor allem schätzen gelernt!

Seit 2019 darf ich gemeinsam mit dem Verlag Anton Pustet wunderschöne Bücher veröffentlichen. Das Wurzelbuch ist bereits das vierte Exemplar einer wunderbaren Serie und macht sie nun komplett. Vielen Dank Dr. Michaela Schachner für das Vertrauen in meine Arbeit!

Schon viele Jahre begleitet mich die liebe Mag. Beatrix Binder im Lektorat und es ist wie immer eine Freude mit dir zusammenzuarbeiten. Du verleihst meinen Texten wieder den richtigen Feinschliff, stellst immer die richtigen Fragen und schaffst eine Harmonie für meine Worte und Gedanken.
Texte und Bilder in Harmonie zu einem Buch zusammenzustellen ist eine Kunst für sich, die die liebe DI (FH) Tanja Kühnel in Perfektion beherrscht. Immer wieder ist es aufregend, die ersten Layouts von dir zu bekommen. Ich danke dir vielmals, dass du so viel Zeit und Mühe investierst und es immer eine Freude ist, jede Seite im Buch zu entdecken.

Ein herzliches Dankeschön möchte ich auch den lieben Mitarbeiterinnen des Büros Dr. Barbara Brunner sagen, da sie eine hervorragende Pressearbeit leisten.

Und ohne meine wunderbaren und großartigen Leser:innen meines Blogs und meiner Social Media Accounts würde ich heute nicht dasitzen und diese Worte schreiben. Auch wenn ich schon einige Bücher geschrieben habe, so bin ich jedes Mal wieder von Dankbarkeit erfüllt. Vielen herzlichen Dank für eure Unterstützung!

Alles Liebe, Doris

Doris Kern

Geboren 1983, aufgewachsen im Mühlviertel, studierte an der FH Hagenberg Informatik und arbeitet heute als Projektmanagerin in der IT-Branche. Den Ausgleich zur Technik findet sie in der Natur: Kräuter, alte Hausmittel und Naturkosmetik stehen im Fokus ihrer Leidenschaft.
In zahlreichen Ausbildungen, darunter TEH® Praktiker, TEH® Naturapotheke, Frauenheilkunde, Kräuterpädagogik, oder im Lehrgang zum Kosmetikhersteller vertiefte sie ihr Wissen und gibt es in Kursen weiter. In ihrem Blog *Mit Liebe gemacht* veröffentlicht sie Rezepte und Anleitungen rund um das Thema Natur.

www.mitliebegemacht.at

Ebenfalls von Doris Kern erschienen

Einfach natürlich
Selbstgemachtes zum Riechen, Schmecken, Dekorieren
4. Auflage, mit Sammelposter und Etiketten
ISBN 978-3-7025-0997-2

Natürlich schön
Die besten DIY-Naturkosmetik-Rezepte
ISBN 978-3-7025-1139-5

Aromatischer Wald
ISBN 978-3-7025-0989-7

Verlockende Blüten
ISBN 978-3-7025-1000-8

Freche Früchtchen
ISBN 978-3-7025-1053-4